BusinessVillage

PROJEKTE STARTEN MIT DESIGN THINKING

Jens Otto Lange

Kreative Konzeptfindung mit System

BusinessVillage

Jens Otto Lange
Projekte starten mit Design Thinking
Kreative Konzeptfindung mit System
1. Auflage 2020
© BusinessVillage GmbH, Göttingen

Bestellnummern
ISBN 978-3-86980-464-4 (Druckausgabe)
ISBN 978-3-86980-465-1 (E-Book)

Direktbezug www.BusinessVillage.de/bl/1058

Bezugs- und Verlagsanschrift
BusinessVillage GmbH
Reinhäuser Landstraße 22
37083 Göttingen
Telefon: +49 (0)551 2099-100 Fax: +49 (0)551 2099-105
E-Mail: info@businessvillage.de Web: www.businessvillage.de

Layout und Satz | Sabine Kempke

Druck und Bindung | www.booksfactory.de

Inhalt

Über den Autor

Jens Otto Lange moderiert Entwurfsarbeit, sodass Menschen befähigt werden, gemeinsam etwas Neues zu kreieren.

Mein Name ist Jens Otto Lange. Ich habe schon immer Freude daran gehabt, an kreativen Projekten rund um das Thema Design zu arbeiten. In meinem Arbeitsleben geriet ich dabei immer wieder in die Rolle eines Moderators co-kreativer Konzeptfindungsprozesse von interdisziplinären, diversen, cross-funktionalen Gruppen. Seit mehr als zwanzig Jahren helfe ich Teams, schnell und strukturiert innovative Lösungen für die digitale Welt zu entwerfen, um Probleme von Nutzern und Kunden zu lösen. Ich moderiere Innovationsworkshops, vermittle mein Wissen in praxisorientierten Trainings und begleite Innovationsteams – in Unternehmen wie Airbus, Audi, Axel Springer, bonprix, Beiersdorf, Core-Media, Cornelsen, Daimler, Deutsche Bahn, Deutsche Rentenversicherung, Kienbaum, KPMG, Kreditech, Otto, TUI, Volks- und Raiffeisenbanken und Zalando.

Heute moderiere ich Gestaltungsprozesse bei der Porsche Digital GmbH in Berlin, um Teams zu helfen, co-kreativ etwas Neues zu kreieren. Nach vielen Jahren als unabhängiger Coach und Partner des #PoDojo Coaching-Teams für agile Produktentwicklung verstärke ich seit Ende 2018 als Designfacilitator das Berliner Büro der Porsche Digital GmbH.

Darüber hinaus vermittle ich mein Wissen an der Quadriga Hochschule Berlin (»Projekte starten mit Design Thinking«), der Axel Springer Akademie (»User Experience Basics«) und der Muthesius Kunsthochschule Kiel (»Design Thinking«) an Führungskräfte, Design-Anwender und Studenten.

Ich bin Industrial-Designer und Diplom-Kommunikationswirt und einer der ersten zertifizierten Design Thinking-Coaches der School of Design Thinking des Hasso-Plattner-Instituts an der Universität Potsdam.

Design-orientierte Events

Service-Design-Methoden lernen bei den regionalen Events des Global Service Jam: bit.ly/globalservicejam

Unser Meetup Design Thinking-Coaches Berlin besuchen: bit.ly/designthinkingcoachesberlinmeetup

Regelmäßig unterstütze ich den Non-Profit-Design-Event Global Service Jam in Berlin als Coach. Darüber hinaus bin ich gemeinsam mit meiner Kollegin Pauline Tonhauser Co-Organisator des Meetups Design Thinking-Coaches Berlin.

Und ein Leben neben der Arbeit habe ich natürlich auch: Ich begeistere mich für Kunst, Musik und Architektur, liebe mein altes Auto, mein neues Fahrrad, meinen Garten in der Nähe von Berlin – und Design!

Kontakt zu Jens Otto Lange

jens@guentherlange.de
www.guentherlange.de

1 Über dieses Buch

1.1 Danke!

Bevor ich zur Sache komme, möchte ich mich bedanken. Dieses Buch wäre nicht fertig geworden, wenn ich nicht auf zahlreiche Unterstützer hätte zählen können, die mir mit Ermutigung und kritischem Feedback geholfen haben, zum Ergebnis zu kommen.

Allen voran möchte ich Karsten Günther danken, meinem Partner, nicht nur bei der GuentherLange GmbH, sondern auch darüber hinaus. Du hast mich durch deinen Zuspruch und dein Vertrauen in meine Fähigkeiten ermutigt, dranzubleiben und meine Schreibblockaden zu überwinden. Gleiches gilt für meine Mutter Marianne, die ihren Stolz schon ausdrückte, bevor ich eine Zeile zu Papier gebracht hatte.

Mein Dank geht an Christian Hoffmann vom Verlag Business-Village, der den konkreten Anstoß zu diesem Buch gab, das ich eigentlich schon lange schreiben wollte. Dank auch an seine Mitarbeiterin Sabine Kempke, die mir bei der grafischen Ausgestaltung des Buches mit Rat und Tat zur Seite stand.

Die Grafiken verstehen sich als Layout-Beispiele, die Leser ohne besondere Zeichenkünste für die schnelle, flexible Ausgestaltung einer visuellen Anleitung nutzen können – sei es auf einem Whiteboard, einer Pinnwand oder einem Flipchart. Darüber hinaus gibt es einige Originalfotos von Arbeitsergebnissen aus den vielen Workshops, die ich durchgeführt habe. Es sind Schnappschüsse niedriger bis mittlerer technischer Qualität, die ich mit meinem Smartphone geschossen habe. Nichtsdestotrotz sind es einzigartige Dokumente aus dem echten Arbeitsleben. Deshalb haben wir sie überall dort als Abbildung eingefügt, wo sie einen Beitrag zum besseren Verständnis der praktischen Anwendung leisten können.

Vielen Dank auch an das gesamte Team des Service Jam Berlin, die einige Fotos aus ihren wunderbaren Design-Events beigesteuert haben.

Die kritische Durchsicht des Manuskripts durch meine Beraterkollegen Anna-Leena Haarkamp von asgaro und David Luna von Gamma Digital & Beyond hat mir an vielen Stellen sehr geholfen, meine Gedanken zu schärfen. Anna-Leena, David, das war toll!

Bedanken möchte ich mich auch bei allen Kunden und Mitstreitern, mit denen ich über die letzten zwei Jahrzehnte ein Stück des Weges gehen durfte – allen voran Professor Thomas Stegmann und dem #PoDojo Team. Euer Vertrauen und euer positives Feedback haben mir geholfen, Neues auszuprobieren, kritisch zu hinterfragen und meine Methoden stetig zu verbessern. Nicht zuletzt diese Erfahrungen und der intensive fachliche Austausch mit euch haben mich zu dem gemacht, der ich heute bin: ein Designfacilitator.

1.2 Mein Weg zum Designfacilitator

Wie bin ich zum Designfacilitator geworden? Im Grunde habe ich mich schon immer für das Thema Design interessiert. Deshalb habe ich an der Universität der Künste Berlin Industrial Design und Gesellschafts- und Wirtschaftskommunikation studiert.

In meinem Studium beschäftige ich mich mit ganz unterschiedlichen Themen: Grafik, Text, Marketing, Markenbildung und Markendesign, Unternehmenskommunikation, Corporate Design, Film- und Medientheorie, Designgeschichte, Foto-, Film- und Video-Produktion, Computergrafik, Industrial Design und Produktdesign, später dann auch mit User Experience, Social Media, Service Design und Design Thinking.

Meinen Einstieg in die Berufswelt markiert ein Job in der Agenturbranche, in einer Designagentur, wo ich mich als Berater und Konzeptioner seit Anfang der Neunziger mit dem Thema Marke beschäftige. Mein erstes Projekt ist die Implementierung des neuen Corporate Designs der Minol – der Tankstellenkette der ehemaligen DDR auf der Suche nach einer neuen Positionierung im wiedervereinigten Deutschland. Als ich im Sommer 1994 bei einem Besuch in New York zum ersten Mal durchs Internet stöbere, wird ein neues Feuer in mir entfacht: Dort, wo sich alles mit allem vernetzt, will ich mitwirken, um mit Design die Zukunft zu gestalten. 1997 ist es dann so weit – gemeinsam mit einem Partner gründe ich in Hamburg eine Online-Agentur. Das Geschäft läuft gut in den Frühtagen der New Economy. Bald werden die Projekte größer. Aus einfachen Marketing-Websites werden Webanwendungen mit Anbindung an Backend-Prozesse.

Ausgerechnet die Stadtreinigung Hamburg gehört 1999 zu unseren ersten Großkunden. Die städtische Müllabfuhr will sich mit einer Website zum ersten Mal ins Internet wagen. Kein besonders prestigeträchtiges Thema. Aber hochrelevant für die Menschen in Hamburg. Für uns als Dienstleister eine große Herausforderung. Wir sprechen mit kundenorientierten Abteilungen wie Marketing und unternehmensorientierten wie IT, die sich damals noch EDV (Elektronische Datenverarbeitung) nennt. Beide Seiten haben bis dahin wenig miteinander zu tun – jetzt liegt es an uns, sie zusammenzubringen. Jede Abteilung hat eigene Ideen und Vorstellungen zum Projekt. Das Gleiche gilt für das Team aus Software-Entwicklern, Projektmanagern und Designern in unserer Agentur.

Wie sollen wir die vielen verschiedenen Anforderungen und Ideen in der digitalen Welt abbilden? Es gibt nichts, worauf wir aufbauen können, denn unser Kunde ist neu im Netz. Die angestammte Arbeitsweise aus der Agenturwelt, eine Reihe von Designentwürfen zu diskutieren, um zu einem Konzept zu gelangen, wird der neuen Komplexität nicht gerecht. So entsteht die Idee, in Workshops mit allen Interessengruppen das Konzept für die Website zu erarbeiten.

Jens Otto Lange, Jens Nitzschke und Christian Gland in den späten Neunzigern – das Gründerteam der silver.screen Hamburg GmbH.

Mit Wolken aus Haftnotizen, Skizzen von Prozessen und Bildschirm-Layouts und vielen Gesprächen kommen wir der Lösung schrittweise näher. Ausgangspunkt ist ein gemeinsames Verständnis der potenziellen Kundenbedürfnisse. Den Kunden und Nutzer fest im Blick, entwickeln wir gemeinsam mit den Vertretern der verschiedenen Abteilungen der Stadtreinigung in zwei Tagen Schritt für Schritt das Rohkonzept der Website. Durch die frühzeitige Einbindung der Abteilungen wird das Projekt breit getragen. Gemeinsam entwerfen wir digitale End-to-End-Services für Entsorgungsdienstleistungen von Biotonne bis Sperrmüll sowie ein einfaches Content Management System. Der Kunde ist zufrieden, die Hamburger ebenso – die Website wird zu einem nachhaltigen Erfolg.

Stadtreinigung Hamburg als erster Großkunde

»Jens Otto Lange hat für die Stadtreinigung Hamburg einen Co-Creation-Workshop moderiert, in dem wir gemeinsam mit mehreren Abteilungen und externen Dienstleistern die wichtigsten Anforderungen [...] entwickelt

haben. Alle Teilnehmer waren begeistert angesichts der Punktlandung, mit der er unseren kreativen Findungsprozess zum Ergebnis moderiert hat. Die Dokumentation der Ergebnisse war ein wertvoller Input für die anschließende Umsetzung […] durch unseren IT-Partner.« (Projektleiter der Stadtreinigung Hamburg)

In den folgenden Jahren greife ich in der Zusammenarbeit mit anderen Kunden immer wieder auf diese Erfahrungen zurück. Ich experimentiere mit unterschiedlichen Workshop-Formaten und Denkwerkzeugen, um den richtigen Konzeptrahmen für den Start von Projekten zu finden.

Mein erstes Design Thinking-Training, das ich 2011 an der School of Design Thinking des Hasso-Plattner-Instituts an der Universität Potsdam als Teilnehmer erlebe, ist eine große Inspiration für mich – insbesondere die Einbindung realer Nutzer und die Systematik des kreativen Konzeptfindungsprozess, der mit einer sorgfältigen Problemanalyse startet, bevor er ins Design der Lösung überleitet. Dabei wird mir klar, dass ich viele Design Thinking-Tools bereits seit meinem Studium nutze. Auch das nutzerzentrierte Denken ist mir aus der Kommunikation bereits vertraut. Das Kreativprozessmodell des Design Thinking hilft, die verschiedenen Tools und Arbeitsschritte in eine sinnvolle und effektive Abfolge zu bringen.

Mein nächstes Aha-Erlebnis habe ich kurz darauf im ersten von mir durchgeführten Design Thinking-Lösungsworkshop für ein mittelständisches Software-Unternehmen. Das Unternehmen macht sich mit meiner Hilfe eineinhalb Tage lang auf die Suche nach neuen Feature-Ideen für die Roadmap seines Software-Produkts. Noch habe ich selbst einige Zweifel, ob diese lösungsoffene Methode uns zu einem guten Ergebnis leiten wird. Doch nachdem die Teilnehmer die Unsicherheit der Problemfindungsphase durchlaufen haben, präsentieren alle Teams neue Feature-Ideen. Die drei Konzeptansätze, die sie als Papierprototypen konkretisieren, landen nach dem Workshop auf der Produkt-Roadmap und werden in den Folgejahren Schritt für Schritt umgesetzt. Seither habe ich Dutzende von Design Thinking-Workshops moderiert, mit besonderem Fokus auf Digitalprojekte.

Heute weiß ich, dass Design Thinking enorm hilfreich ist, um den Inhalt und Umfang neuer Vorhaben als Projekt zu konkretisieren. Nach über zwei Jahrzehnten im Umfeld der digitalen Wirtschaft vermittle ich meine Erfahrungen und mein methodisches Wissen inzwischen auch an Lernende.

Design Thinking hilft dir, schnell und zuverlässig ein von allen Beteiligten verstandenes und akzeptiertes Big Picture des geplanten Projekts zu entwerfen, das im weiteren Verlauf in ein Projekt gefasst, iterativ verfeinert und in Details ausgearbeitet werden kann. Das mühselige Zusammentragen von Anforderungen kannst du mit Design Thinking stark verkürzen. Mit frühen Nutzer-Tests kannst du das Risiko minimieren, dass die Lösung am Bedarf vorbei entwickelt wird.

Ich würde mich freuen, wenn dieses Buch dir bei der Herausforderung hilft, die mich über all die Jahre beschäftigt und motiviert hat: co-kreative Konzeptfindungsprozesse zu moderieren, sodass Menschen befähigt werden, gemeinsam etwas Neues zu kreieren.

1.3 Das richtige Buch für dich?

Dieses Buch ist für jeden von Interesse, der für komplexe Herausforderungen – insbesondere im Bereich Digitalisierung – schnell und pragmatisch ein Projekt für die Entwicklung einer Lösung aufsetzen möchte, die von allen Beteiligten getragen wird – insbesondere von den späteren Anwendern, Nutzern und Kunden. Das Buch dokumentiert Methoden, Tipps und Tricks aus zwanzig Jahren Praxis an der Schnittstelle zwischen Design und Digital und versteht sich als Leitfaden für alle, die Design Thinking in kompakten Workshop-Formaten anwenden wollen, um Projekte kraftvoll zu starten. Das Buch gliedert sich in drei Teile:

1. Die Rolle des Designfacilitators
2. Sechs Erfolgsfaktoren für co-kreative Zusammenarbeit
3. Mit dem Innovationstarter-Workshop komplexe Projekte initiieren

Im ersten Teil geht es um die Rolle, die du als Designfacilitator in der Organisation des Unternehmens und im Team einnimmst. Du erfährst mehr über die historischen Vorbilder des Designfacilitators, die Entwicklung der Designdisziplin hin zum Design Thinking und die Veränderungen im Umfeld von Unternehmen, die die Rolle des Designfacilitators heute so wichtig erscheinen lassen. Du kannst dieses Wissen beispielsweise nutzen, um Dritten deine Rolle zu erklären.

Im zweiten Teil mache ich dich mit den sechs Erfolgsfaktoren »Purpose«, »People«, »Place«, »Process«, »Pace« und »Project« bekannt, die du bei der Planung und den ersten Richtungsentscheidungen für das Set-up deines Workshops frühzeitig im Blick behalten solltest. Auch dieses Wissen kannst du nutzen, um Dritten die kulturellen Voraussetzungen zu erklären, die nötig sind, um in einem co-kreativen Arbeitsprozess im Team neue Konzepte schnell und nachhaltig zur Umsetzung zu bringen.

Deine Arbeit als Designfacilitator wird im Wesentlichen in der Planung und Moderation von Workshops für co-kreative Konzeptfindung erlebbar. Daher stelle ich dir im dritten und ausführlichsten Teil des Buches das Workshop-Format Innovationstarter vor.

Der Innovationstarter ist ein Sprint über drei Tage, um mit Design Thinking ein neues Projekt zu initiieren. Du erfährst, wie du aus einer gemischten Arbeitsgruppe ein Projektteam mit einem klarem Zielbild formst.

Über dieses Buch

Selbstverständnis

Die Rolle des Designfacilitators

Rahmenbedingungen

6 Erfolgsfaktoren für ko-kreative Zusammenarbeit

Anwendung

Komplexe Projekte initiieren
Innovationstarter
3-Tage-Sprint

Der erste Teil des Buches beschreibt die Rolle des Designfacilitators, der zweite Teil erläutert die Faktoren für erfolgreiche co-kreative Zusammenarbeit. Der dritte Teil erklärt dir Schritt für Schritt, wie du das dreitägige Workshop-Format Innovationstarter planst und moderierst.

Der Sprint gliedert sich in zwei Tage Design Thinking und einen Tag Kick-off des Projektteams. Ich habe eine Reihe aufeinander abgestimmter Workshop-Werkzeuge für die Gestaltung eines co-kreativen Konzept- und Teamfindungsprozesses zusammengestellt, die auf meinen langjährigen Erfahrungen als Designfacilitator von Workshops für Lösungsfindung und Training basieren.

Takt und Tempo bestimmen, wie zügig der Gestaltungsprozess vorangeht und in welchem Maße er ein konkretes, handlungsleitendes Ergebnis hervorbringt. Abfolge und zeitliche Taktung des Innovationstarters sind auf eine Workshop-Länge von drei Tagen abgestimmt. Die eigentlichen Werkzeuge sind weitgehend bekannt. Sie sind in Sessions abgestimmter Länge eingebettet, ihre Reihenfolge folgt der Dramaturgie des Design Thinking-Prozesses. Die Übergänge zwischen den Sessions sind so sanft wie möglich gestaltet, um einen bruchlosen Arbeitsfluss zu unterstützen.

Eine konkrete Schritt-für-Schritt-Anleitung, weiterführende Tipps, Checklisten und Links zum Download hilfreicher Tool-Vorlagen für die Anwendung in Workshops helfen dir bei Planung und Moderation deines ersten Innovationstarter-Workshops. Jeder Workshop-Tag ist tabellarisch als Microtiming aufbereitet. Das Microtiming stellt die zeitliche Abfolge der einzelnen Workshop-Sessions exakt dar.

Am Ende des Buches findest du das Download-Angebot als Link-Liste, eine Materialliste, ein Quellenverzeichnis und eine Liste mit weiterführender Literatur.

Du kannst das Buch als Arbeitsanleitung nutzen, um erste Erfahrungen zu sammeln. Sobald du dich sicherer fühlst, möchte ich dich ermutigen, den Innovationstarter-Workshop mit Werkzeugen und Methoden aus deinem eigenen Erfahrungsschatz anzureichern.

Die Rolle des Designfacilitators

2.1 Wozu ein Designfacilitator?

Als Designfacilitator moderierst du co-kreative Entwurfsprozesse. Das ist wichtig geworden in einer komplexen, digitalen Welt, in der das Wissen vieler zusammenfließen muss, um Neues zu schaffen.

Größter Komplexitätstreiber ist das Internet. In den letzten Jahrzehnten hat es sich wie ein engmaschiges Kommunikationsgeflecht über unseren Alltag gelegt und uns von Raum und Zeit befreit. Was getrennt war, ist heute vernetzt. Was nacheinander ablaufen musste, kann heute gleichzeitig passieren. Die technischen Möglichkeiten sind schier grenzenlos, die Chancen für Neues riesig. Gleichzeitig stürzt uns der schnelle Wandel in große Unsicherheit. Nie erschien die Zukunft weniger vorhersehbar als heute. Das macht die digitale Welt so komplex.

Co-kreative Zusammenarbeit von Menschen aus unterschiedlichen Disziplinen und Abteilungen, mit unterschiedlichen Talenten, kulturellen Prägungen und Erfahrungen zeigt einen Weg auf, produktiv mit Komplexität umzugehen. In den Nuller Jahren wurden co-kreative Zusammenarbeit und Kommunikation über Soziale Medien mit dem Begriff der kollektiven Intelligenz beschrieben – auch Schwarmintelligenz genannt. Demnach sind Schwarmintelligenzen in der Lage, emergent zu koordinierten und sinnvollen Entscheidungen zu gelangen, die ein einzelnes Individuum niemals allein hätte treffen können. Viele Lebewesen organisieren sich in Schwärmen. Vögel und Fische bilden in Schwärmen eine flexible Einheit, die schnell die Richtung ändern kann, während sie an ihren Rändern stetig mit ihrer Umgebung im Austausch steht.

Als soziale und rationale Wesen können wir Menschen unsere Zusammenarbeit aktiv gestalten. Wir können darüber reflektieren, wie wir unsere Zusammenarbeit stetig verbessern. Design Thinking- und Design-Methoden bieten zahlreiche Denkmodelle und Praktiken, die uns helfen, eine gemeinsame visuelle Sprache und Arbeitskultur zu entwickeln.

Sind die Erfolgsfaktoren co-kreativer Zusammenarbeit in der Kultur der Organisation verankert, führt sie schneller zu nachhaltigen Ergebnissen als konventionelle Planungsmethoden. Als Designfacilitator kannst du helfen, diese Zukunft zu gestalten. Du kannst einmalige Vorhaben starten, die du niemals zuvor angepackt hast. Um Inhalt und Umfang solcher Projekte zu bestimmen, moderierst du die Zusammenarbeit cross-funktionaler Teams durch einen co-kreativen Konzeptfindungsprozess.

Der Purpose des Designfacilitators
Entwurfsarbeit moderieren, sodass Menschen befähigt werden, gemeinsam etwas Neues zu kreieren.

Damit du nachvollziehen kannst, was ein Designfacilitator leistet, wollen wir zunächst klären, worum es beim Begriff Design eigentlich geht.

2.2 Design als Berufsdisziplin

Im Deutschen ist der Begriff Design ein Hauptwort. Viele verstehen darunter das Ergebnis guter Gestaltung. Häufig wird Design mit Äußerlichkeiten assoziiert und als Disziplin gesehen, in der es darum geht, Objekte zu verschönern. Frühe Formgestalter von Massenprodukten – heute nennen wir sie Industrial Designer – setzen diesem oberflächlichen Designverständnis bereits seit Jahrzehnten das Gestaltungsprinzip »Die Form folgt der Funktion« entgegen. Sie proklamieren, dass der Designer sich zunächst eingehend mit dem Anwendungskontext und den Möglichkeiten des Werkstoffs beschäftigen muss, bevor eine Form gefunden werden kann, die den Bedürfnissen des Nutzers entspricht, und begleiten die konzeptionelle Entwicklung der Lösung von Anfang an.

Im Englischen ist design nicht nur Hauptwort, sondern auch Verb: to design bezeichnet die Tätigkeit des Entwerfens, in der es darum geht, im stetigen Abgleich zwischen menschlichen Bedürfnissen (desirability), techni-

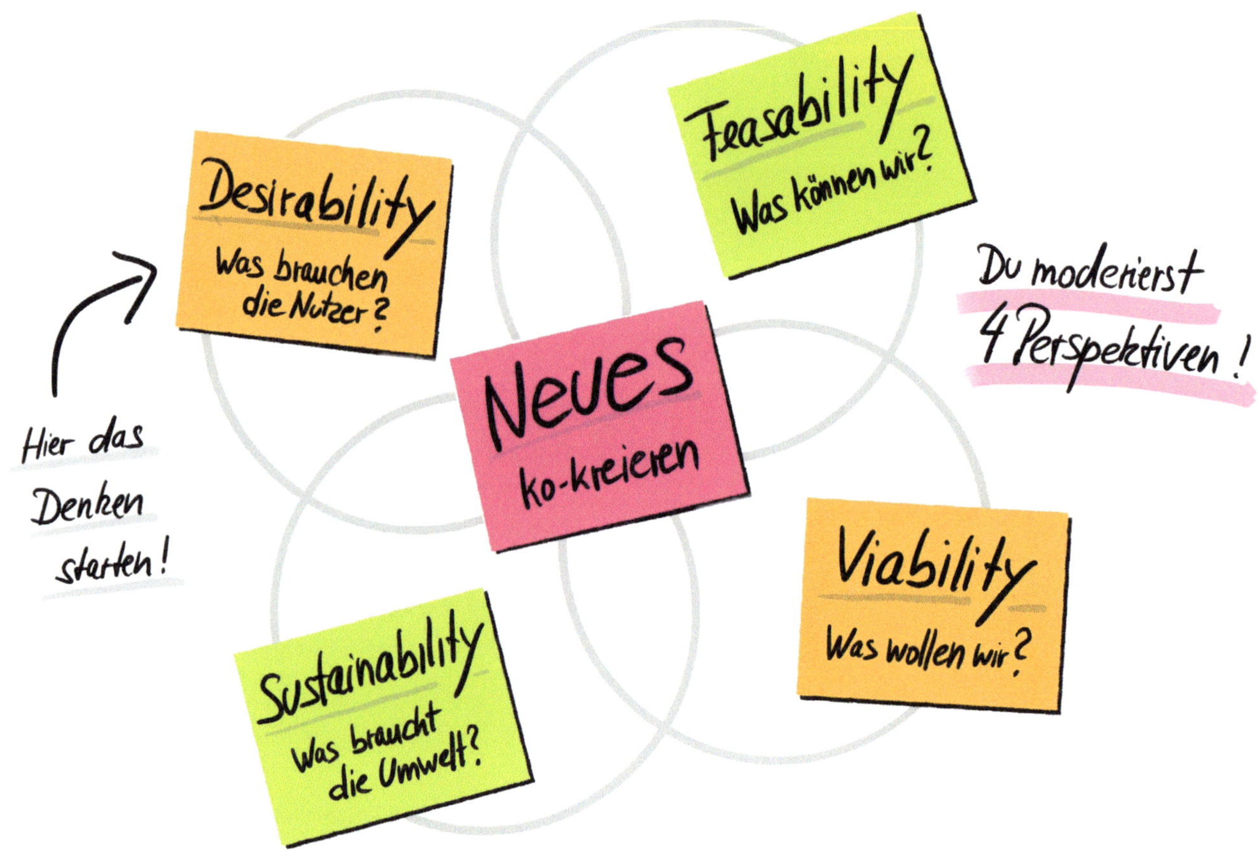

Neues entsteht aus der Balance von Nutzerbedürfnissen, technischer Machbarkeit, Wirtschaftlichkeit und Nachhaltigkeit. Design Thinking startet beim Menschen und balanciert über cross-funktionale Teamarbeit diese vier Perspektiven.

schen Möglichkeiten (feasibility) und wirtschaftlichen Zielen (viability) eine Lösung zu entwerfen, die uns Menschen nützt und voranbringt. In jüngster Zeit rückt darüber hinaus das nachhaltige Handeln im Einklang mit der Natur (sustainability) als eine vierte Perspektive ins Blickfeld der Innovatoren.

Im Verlauf der industriellen Revolution sind es zunächst die Ingenieure, die mit dem neuen Wissen der Zeit zahlreiche Innovationen hervorbringen. Trotz industrieller Massenproduktion orientiert sich die Formensprache weiterhin an den handwerklich hergestellten Vorgängerprodukten.

An der Schnittstelle zwischen Marktorientierung, Ingenieurwesen, Kunstgewerbe und Industrie entwickelt sich der Beruf des Designers, der eine einfacher produzierbare, funktionalere Formensprache propagiert. Geburtsort der neuen Disziplin ist das Berlin in der Zeit vor dem Ersten Weltkrieg, das damals als Innovationslabor der Moderne gilt. Peter Behrens, ein Architekt, entwirft ab 1907 für den Elektrizitätskonzern AEG neue Produkte und ein neues Corporate Design. Er gestaltet Lampen und elektrische Teekessel, Drucksachen und Fabrikgebäude. In seinem Designbüro beschäftigt der erste Designer der Geschichte aufstrebende Entwurfstalente wie Le Corbusier, Mies van der Rohe und Walter Gropius – eine Generation junger Gestalter, die als Gründerväter des Bauhauses in den Zwanzigerjahren die europäische Moderne in Architektur und Design maßgeblich prägen.

In den USA formen Raymond Loewy als selbstständiger Designer und Harley Earl beim Autokonzern General Motors ab 1927 das neue Berufsbild des Industrial Designers.

Im Europa der frühen Sechziger gehören die Firma Braun mit Dieter Rams als Chefdesigner und die Ulmer Hochschule für Gestaltung als kurzlebiger Nachfahre des Bauhauses zu den Wegbereitern des Designberufs. Noch bis weit in die Siebzigerjahre liegt Gestaltungsarbeit in der Verantwortung einzelner Designer, die als Experten mehr oder weniger tief in den Produktentwicklungsprozess einbezogen sind.

In den Siebziger- und Achtzigerjahren erweitern neue Anwendungsfelder das Berufsbild des Designers. So setzt sich der Österreicher Victor Papanek[1] für ein Design ein, das sich auch mit sozialen und ökologischen Fragen auseinandersetzt. Papaneks Ansatz ist heute aktueller denn je und wirkt im Konzept des Circular Design[2] nach, bei dem Produkte als Teil einer ökologisch verträglichen Kreislaufwirtschaft verstanden werden – ein Kreislauf, den der Designer bewusst gestaltet.

Mit dem Siegeszug des Heimcomputers in den Achtzigern und dem Aufstieg des Internets in den Neunzigern potenziert sich die Komplexität. Design ist jetzt nicht mehr nur mit Objekten der dinglichen Welt beschäftigt, sondern auch mit Gestaltungslösungen für die Interaktion zwischen Mensch und digitaler Welt. Der britische Designer Bill Moggridge gestaltet mit dem GRiD Compass[3] einen der ersten Laptops, der 1982 auf den Markt kommt. Gleichzeitig begründet Moggridge die neue Disziplin des Interaction Design.[4]

In der Folge wächst die Zusammenarbeit von Designern mit anderen Fachdisziplinen. Im Fokus steht nicht länger die statische gute Form von Objekten, sondern die Interaktion zwischen Mensch und Produkt, verflüssigt und beschleunigt durch die Möglichkeiten der Digitalisierung.

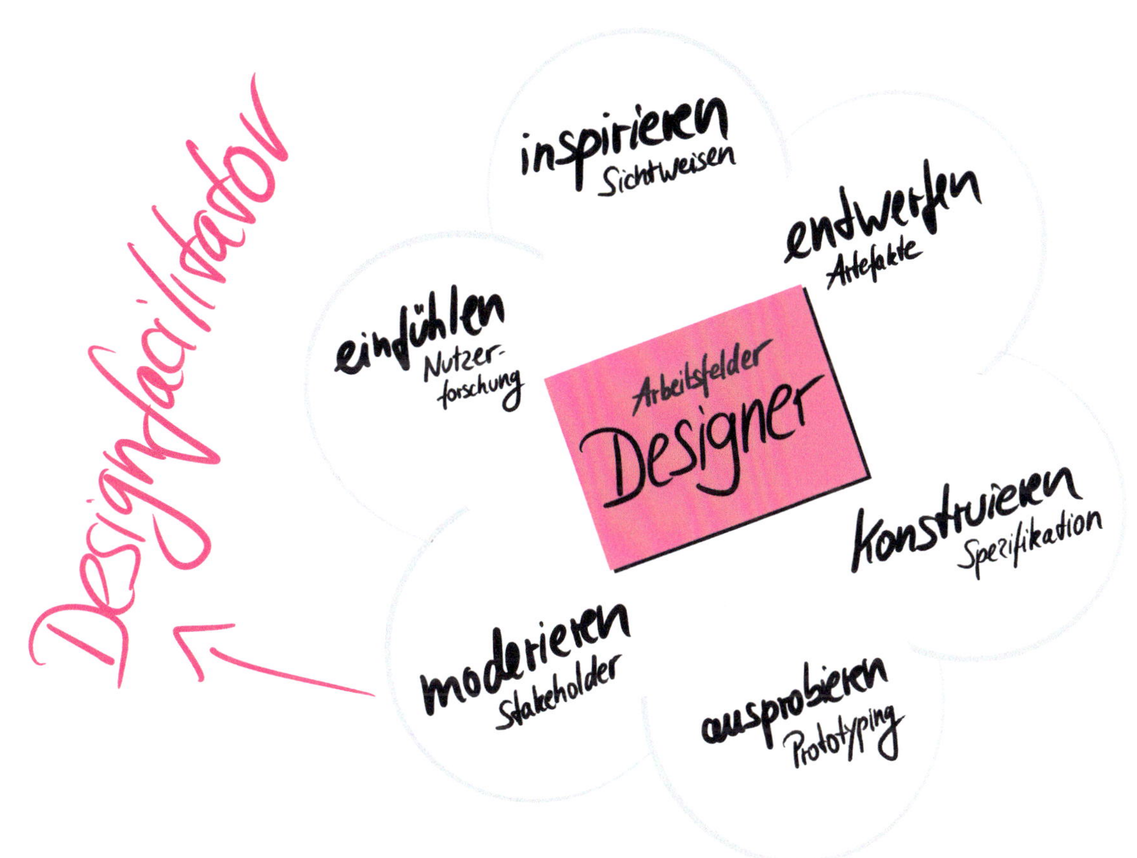

Als Designfacilitator moderierst du die Bedürfnisse und Interessen von Stakeholdern (Nutzer, Kunden, Teams, Entscheider) eines Projekts. Dafür nutzt du Tools und Techniken aus den klassischen Arbeitsfeldern des Designers.

In den Nullerjahren verschmelzen Interaction Design mit Webdesign, Usability und User Interface Design zu User Experience (UX). Darüber hinaus etabliert sich Service Design als neuer Begriff für die Gestaltung von Dienstleistungen.

2.3 Design als kreativer Schöpfungsakt

Designer beschäftigen sich eingehend mit der Lebenswelt und den Bedürfnissen potenzieller Nutzer, bevor sie die Entwurfsarbeit starten. Sie tun dies, um sich aufzuladen mit Inspirationen, die ihnen helfen, in einem kreativen Schöpfungsakt den Problemraum einzugrenzen, Lösungsideen zu entwickeln und als Prototyp zu konkretisieren. Sowohl Problemdefinition als auch Lösungsfindung erfordern Kreativität. Zusammen bilden sie die Essenz der Designarbeit.

Der Mathematiker Henri Poincaré[5] unterteilt den kreativen Findungsprozess in vier Phasen, die der Sozialpsychologe Graham Wallas[6] in seinem Buch *The Art of Thought* 1926 aufgreift und die seither als Blaupause gelten: Preparation, Incubation, Illumination und Verification.

4. Verification
Idee umsetzen
→ → →

2. Incubation
Schmerz der Suche

1. Preparation
Problem eingrenzen

Die 4 Phasen des kreativen Prozesses

inspiriert durch Henri Poincaré und Graham Wallas

Das 4-Phasen-Modell des kreativen Findungsprozesses

Ausgangspunkt ist die Phase der Preparation, in der es darum geht, mit Neugierde möglichst viel Wissen aufzunehmen, um ein tiefes Verständnis für den Problemkontext zu entwickeln. In dieser Phase bewegt sich der Gestalter in großer Unsicherheit. Unstrukturierte Daten aus der Beobachtung der Wirklichkeit wollen in Form und Zusammenhang gebracht werden, ein großer Nebel tut sich auf. Der Kontext der Daten erschließt sich zunächst nicht, es bleibt unklar, was wichtig und was unwichtig ist. Der Gestalter braucht Abstand von der ersten, intensiven Beschäftigung mit dem Problem, um zur Lösung zu kommen. Die Suche nach Bedeutung, Struktur und Umformung der Input-Daten in der Phase der Incubation fühlt sich schmerzhaft an, denn sie findet in einer Phase großer Unsicherheit statt und markiert bereits einen kreativen Schöpfungsakt. Ist schließlich ein Problemverständnis gefunden, tauchen in der Phase der Illumination sprunghaft die ersten Ideen aus dem Nebel auf – etwa beim Sport oder morgens unter der Dusche –, bis sie in der Phase der Verification konkret in Form gebracht und getestet werden.

2.4 Design Thinking als Teamsport

Was Henri Poincaré und Graham Wallas zu Beginn des 20. Jahrhunderts als kreative Einzelleistung beschreiben, reicht für die digitale Welt nicht mehr aus. Die digitale Welt braucht die Arbeit im Team. Komplexe, immaterielle und flüchtige Produkte in einer volatilen, wettbewerbsintensiven VUCA-Welt[7] (Volatility, Uncertainty, Complexity und Ambiguity) haben Design zur interdisziplinären Aufgabe gemacht, bei der Experten aus Marketing, Produktentwicklung, IT, Produktion und Business mit Designern zusammenarbeiten.

Die amerikanische Designagentur IDEO ist eine der ersten, die neben Designern zahlreiche Experten aus anderen Fachdisziplinen wie Ingenieure, Soziologen oder Psychologen in den Entwurfsprozess einbezieht. Diese Art des teambasierten Designprozesses bekommt Anfang 2000 mit dem Begriff Design Thinking schließlich einen Namen, ein methodisches Gerüst und eine akademische Heimat an den Schools for Design Thinking (D-Schools) an den Universitäten in Stanford[8] und Potsdam[9].

Kultiviert als Industrial Design in den Fünfzigern, digitalisiert als Interaction Design in den Neunzigern, ausgedehnt auf immaterielle Dienstleistungen im Service Design der Nullerjahre und als Design Thinking für die kollektive Anwendung durch cross-funktionale Teams und Manager erschlossen, gewinnt Design als Praxis für die Lösung komplexer Probleme in unserer digitalen Welt immer mehr an Bedeutung.

In der Internet-Revolution ab 1995 wird das Smartphone mit Erscheinen des ersten Apple iPhone im Jahr 2007 zum neuen Treiber der Digitalisierung. War der Zugang zum Internet bis dahin auf klassische Computer und kompliziert bedienbare Mobildienste wie WAP beschränkt, erlebt das Internet für unterwegs mit der Verbreitung von Smartphones und leistungsfähigen Mobilfunknetzen seinen endgültigen Durchbruch. Mobile Apps begründet eine völlig neue Kategorie von Software, die die Nutzung von Internet-Diensten nochmals vereinfacht und zahlreiche neue Möglichkeiten der Vernetzung schafft. Seither drehen sich viele Unternehmensprojekte um Digitalisierung, Innovation und den damit verbundenen Change.

Etwa zeitgleich mit der Ausbreitung des Smartphones beginnt in Deutschland die Karriere des Design Thinking. Design Thinking erweist sich als besonders nützlich, um neue Anwendungsideen für digitale Technologien zu entwickeln. Versteht man unter Design lange Zeit in erster Linie ästhetische Urteilskraft und künstlerisch-handwerkliche Fähigkeiten, so rückt Design Thinking die Denk- und Arbeitsweise des Designers und seine Rolle als Facilitator von Teams in den Mittelpunkt. Seither empfiehlt Design Thinking sich für weitaus mehr Anwendungsfelder, als das Wort Design zunächst vermuten lässt.

Design Thinking schlägt allen, die komplexe Probleme lösen möchten, die Denk- und Handlungsweise von In-

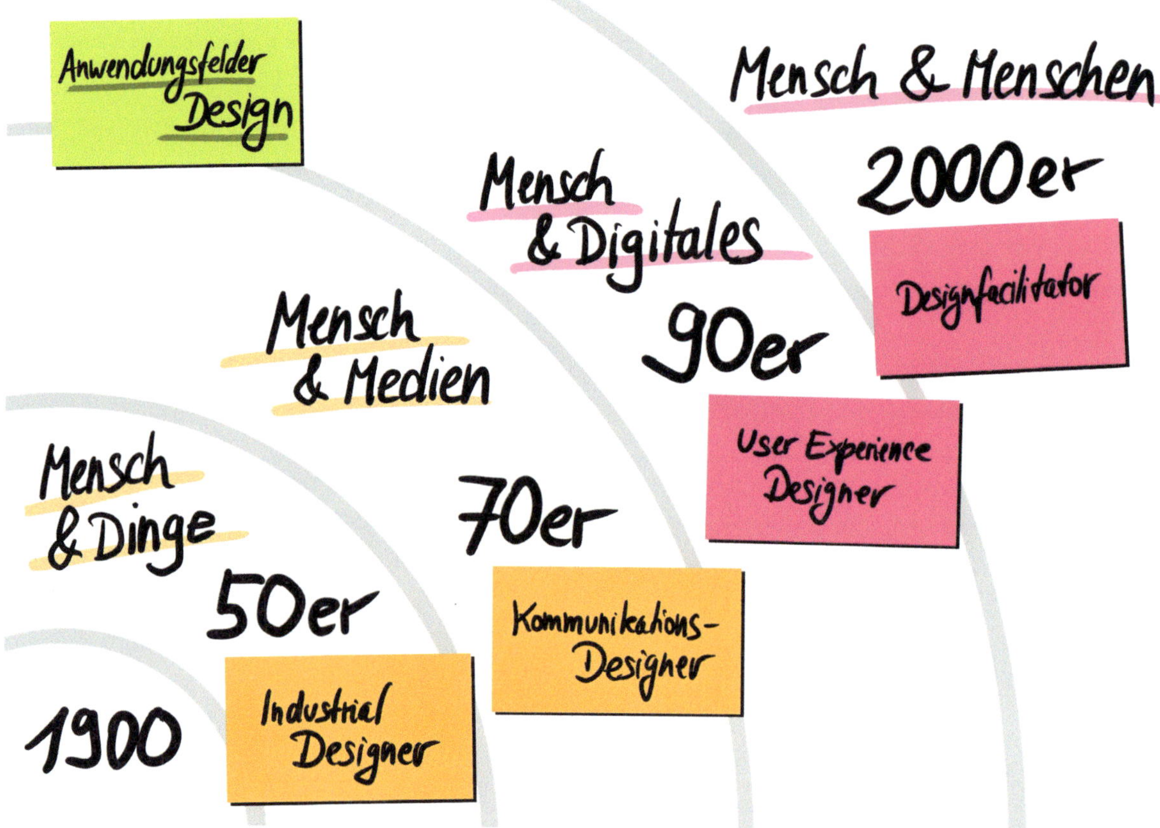

Design hat sich seit seiner Entstehung als eigenständige Berufsdisziplin stetig neue Anwendungsfelder erschlossen.

dustrial-, Interaction-, UX- und Service-Designern vor. Damit macht Design Thinking die Herangehensweise von Designern auch für Nicht-Designer zugänglich. Denken und Handeln als Designer meint, dass wir zunächst das Umfeld, die Betroffenen und ihre Wünsche und Probleme untersuchen, um zu verstehen, was Menschen brauchen. Auf dieser Basis entwickeln wir eine Lösungsidee, die wir erlebbar machen, indem wir sie in Prototypen umsetzen, mit Nutzern testen und schrittweise verbessern.

Inzwischen wenden auch Consultants, Personalentwickler und Ingenieure Design Thinking an. Neben physischen und digitalen Produkten werden Dienstleistungen, Geschäftsmodelle, Unternehmensvisionen, Kommunikationskonzepte, Medien, Arbeits- und Wertschöpfungsprozesse, Lernprogramme, Organisationen und Arbeitskulturen designt. Bildungseinrichtungen wie die D-Schools verbreiten Design Thinking bis in die Vorstandsetagen großer Unternehmen.

Um Komplexität zu beherrschen und blinde Flecken zu vermeiden, sind Denkhaltung und Denkwerkzeuge des Designers mit Design Thinking zum Teamsport geworden, der unterschiedliche Disziplinen in den Entwurfsprozess einbezieht. Das erfordert Vertrauen in die eigene Kreativität und Schöpfungskraft. David Kelley und sein Bruder Tom Kelley, die Macher der Agentur IDEO, sind nach langjährigen Erfahrungen in der Zusammenarbeit mit Unternehmen zu der Erkenntnis gekommen, dass kreatives Selbstvertrauen – Creative Confidence[10] – eine notwendige Voraussetzung für die erfolgreiche Anwendung von Design Thinking ist. Zwar ist das Vertrauen in die eigene Schöpfungskraft eine zutiefst menschliche Fähigkeit, die uns alle ausmacht. Doch allzu oft verkümmert sie in starren Arbeitskulturen, die Ratio und Logik betonen und den Menschen als Faktor eines auf industrielle Effizienz optimierten Systems betrachten. Deshalb geht es bei der Vermittlung von Design Thinking immer auch darum, Beteiligten zu helfen, ihr kreatives Selbstvertrauen zu entwickeln und die eigene Schöpfungskraft mit Freude neu zu entdecken. Das ist auch der Grund dafür, warum Design Thinking eine offene, agile Arbeitskultur braucht, die Kreativität fördert.

2.5 Du als Designfacilitator

Heute wird Design Thinking von vielen Organisationen als Lösung für die Herausforderungen der digitalen Welt betrachtet. Jedes Jahr treten weitere Anbieter auf den Plan, die Unternehmen die Vermittlung des Ansatzes anbieten. Dem liegt die Annahme zugrunde, dass jeder Design Thinking als neues Skillset in seinem gegebenen Job anwenden kann, um es immer dann hervorzuholen, sobald ein komplexes Problem zu lösen ist. Diese Denkweise ignoriert, dass Design Thinking – ähnlich wie die methodischen Frameworks Scrum und Lean Start-up – auf selbstorganisierter Teamarbeit beruht.

Selbstorganisierte Teamarbeit funktioniert am besten, wenn es jemanden gibt, der sich ausschließlich auf den Prozess der Zusammenarbeit und die Klärung der Rahmenbedingungen konzentriert. Dies gilt umso mehr in größeren Organisationen, in denen Vertreter unterschiedlicher Funktionen über Abteilungen und Bereiche hinweg zusammenarbeiten müssen.

Diese neue Rolle, die ich Designfacilitator nenne, ist die Voraussetzung dafür, das Design Thinking seine volle Wirkung und Produktivität in der Organisation entfaltet und nicht zum wirkungslosen Haftnotiztheater in bunt dekorierten Seminarräumen oder coolen Creative Spaces verkommt.

Als Designfacilitator bist du der DJ eines kollektiven Entwurfsprozesses. Du weißt um dessen Unschärfe und die Bedeutung weicher Faktoren wie Stimmung, Rhythmus, Kommunikation und Teamzusammensetzung. Du bist im Kontakt mit deinem Publikum und empathisch genug, um zu spüren, was im Raum vor sich geht, um dein Vorgehen ad hoc daran anzupassen – je nach Situation in wechselnden Rollen als Prozessberater, Moderator, Trainer oder Coach. Deine Aufgabe ist es, alle Beteiligten in den Designprozess einzubinden, Teamarbeit zu beflügeln und mit Stakeholdern den situativen Rahmen für kreatives Arbeiten zu gestalten. Du hilfst den Beteiligten, einen kreativen Modus einzunehmen und schnell auf Geschwindigkeit zu kommen. Dafür stellst du gezielt die passenden visuellen Denkwerkzeuge bereit und gestaltest Übergänge zu anderen agilen Frameworks wie Lean Start-up und Scrum oder zu klassischen Methoden des Projektmanagements.

Die Rolle des Designfacilitators

»Die neue Rolle des Designfacilitators ist die Voraussetzung dafür, dass Design Thinking seine volle Wirkung und Produktivität in der Organisation entfaltet und nicht zum wirkungslosen Haftnotiztheater in bunt dekorierten Seminarräumen oder coolen Creative Spaces verkommt.«

Den Entwurfsprozess moderierst du mit dem Rüstzeug des Design Thinking. Entlang der Prinzipien des Design Thinking konzipierst und leitest du Workshops, in denen Teilnehmer aus unterschiedlichen Disziplinen gemeinsam neue Lösungen entwerfen.

Wie ein Völkerkundler hilfst du dem Team, in die Lebenswelt potenzieller Nutzer einzutauchen. Du zeigst ihm, wie es in einer Mischung aus Logik und Intuition Annahmen über relevante Nutzerprobleme formuliert. Du kennst die Möglichkeiten für die schnelle Konkretisierung von Lösungen in Form einfacher Prototypen und unterstützt beim Set-up von Tests, um Konzepte mit Nutzern auf ihre Tragfähigkeit zu überprüfen.

Die sieben Design Thinking-Prinzipien

Design Thinking ist weniger eine Methode als vielmehr eine Denkhaltung, die auf einer Reihe einfacher Prinzipien[11] beruht.

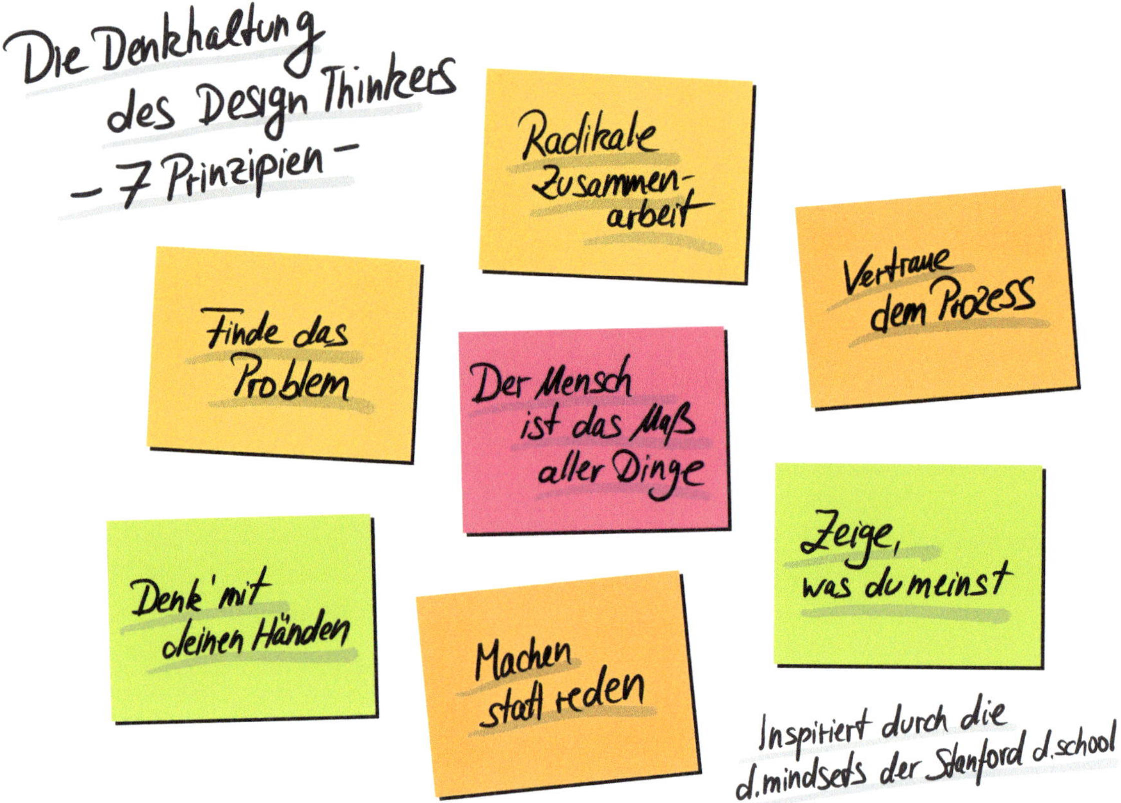

Die Denkhaltung
des Design Thinkers
– 7 Prinzipien –

Radikale Zusammenarbeit

Vertraue dem Prozess

Finde das Problem

Der Mensch ist das Maß aller Dinge

Zeige, was du meinst

Denk' mit deinen Händen

Machen statt reden

Inspiriert durch die d.mindsets der Stanford d.school

Die Denkhaltung des Design Thinking lässt sich in sieben einfachen Prinzipien beschreiben.

Der Mensch ist das Maß aller Dinge
Gute Gestaltung basiert auf Empathie für und Feedback durch die Menschen, für die du etwas gestaltest.

Zeige, was du meinst
Kommuniziere deine Ideen für neuartige Nutzererlebnisse über alle Sinne und vermittle sie in wirkungsstarken Geschichten.

Finde das Problem
Verdichte komplexe Probleme in einfachen Fragestellungen, die andere inspirieren.

Denke mit deinen Händen
Baue schnell einfache Prototypen, um deine Idee zu formen, sie an Dritte zu kommunizieren und frühzeitig zu testen.

Vertraue dem Prozess
Sei dir jederzeit bewusst, wo du stehst, welche Methoden Sinn machen und was genau du erreichen willst.

Radikale Zusammenarbeit
Setze auf Diversität. Bringe Innovatoren mit unterschiedlichen Hintergründen und Sichtweisen zusammen, um neue Lösungen zu entwickeln.

Machen statt reden
Design Thinking ist handlungsorientiert und braucht Tempo. Probiere den nächsten Schritt einfach aus, anstatt zu lange über das Für und Wider zu reden.

Versuche, diese Prinzipien in deinen Workshops zu beachten. Mache sie für deine Teilnehmer erlebbar.

Um das Risiko zu senken, das Ressourcen verschwendet werden, weil das Team zu lange in die falsche Richtung läuft, trägst du Sorge dafür, dass es dem Zyklus aus Problemdefinition, Lösungsdesign und Test so schnell wie möglich folgt, um frühzeitig zu lernen, welche Annahmen und Lösungsansätze weiter optimiert und welche aufgegeben werden sollten.

Der Non-Profit-Event Global Service Jam mit seinen vielen regionalen Events ist eine gute Gelegenheit, sich als Coach und Designfacilitator auszuprobieren.

Als Designfacilitator hilfst du den Beteiligten, im steten Wechsel zwischen analytischem Denken und intuitiver Kreativität einen synchronisierten, effektiven und effizienten Arbeitsrhythmus zu finden. Du unterstützt Teams bei der Herausforderung, ihre Lösungsansätze wirksam an die übrige Organisation zu kommunizieren. Als Vermittler schlägst du Brücken zwischen organisationalen Silos, um Veränderungen nachhaltig zu verankern. Im Gegensatz zu klassischen Designern lieferst du als Designfacilitator keinen inhaltlichen Beitrag zum Ergebnis. Du konzentrierst dich vielmehr auf die Moderation von Teams, um ihnen zu helfen, ihren Schatz an kreativer Schöpfungskraft zu heben.

Ähnlich wie ein Servant Leader[12] oder Scrum Master[13] lieferst du als Designfacilitator den Anstoß dafür, dass neue Probleme identifiziert und gemeinsam angepackt werden. Aus Meetings, in denen darüber geredet wird, was später getan werden soll, machst du Workshops, in denen unmittelbar ein Ergebnis erzeugt wird.

Du hältst den Prozess in Gang und hilfst, Passivität zu überwinden. Du zeigst den Beteiligten, wie sie hands-on konkrete Artefakte erstellen, überbrückst unterschiedliche Arbeitsstile und moderierst Konflikte. Auf diese Weise sorgst du dafür, dass alle auf ein gemeinsames Ergebnis hinarbeiten.

Der Designfacilitator ist eine Antwort auf die komplexen Herausforderungen der digitalen Welt. Dieses Buch zeigt dir, wie du dich in dieser Rolle ausprobieren kannst.

Sechs Erfolgsfaktoren für co-kreative Zusammenarbeit

3.1 Co-kreative Zusammenarbeit beflügeln

Auf den folgenden Seiten mache ich dich mit den sechs Ps bekannt, den Erfolgsfaktoren für erfolgreiche Projektstarts mit Design Thinking: Purpose, People, Place, Process, Pace und Project beschreiben wünschenswerte organisationale Rahmenbedingungen, um in deinem Workshop co-kreative, synchron arbeitende Teams zu beflügeln und neue Projekte schneller in die Umsetzung zu bringen als mit konventionellen Methoden der Moderation und Projektplanung.

Auf einer höheren Ebene können die sechs Ps auch als Treiber einer post-bürokratischen Organisationskultur verstanden werden, die sich durch schnelle Entscheidungen, Experimentierfreude und Arbeit in bereichsübergreifenden Teams auszeichnet.

Die sechs Erfolgsfaktoren solltest du bei der Vorbereitung deines ersten Workshops frühzeitig im Blick haben. Du brauchst ein lösungsoffenes Ziel (Purpose), den Zugang zu Nutzern und motivierten Teilnehmern aus unterschiedlichen Disziplinen (People), einen offenen, flexiblen Arbeitsraum (Place), ein Prozessmodell für kreatives Arbeiten (Process), den passenden Arbeitsmodus (Pace) und einen Projektsponsor (Project).

Ich stelle die sechs Erfolgsfaktoren in diesem Kapitel zunächst in einem Überblick vor, bevor ich sie in der Folge auf die Planung eines konkreten Workshops herunterbreche.

Purpose
Warum?

Die 6 Erfolgsfaktoren für co-kreative Zusammenarbeit

Process
Wie?

Project
Wohin?

Die sechs Erfolgsfaktoren für co-kreative Zusammenarbeit helfen dir, im Blick zu behalten, worauf es bei der Planung deines Workshops ankommt.

3.2 Erfolgsfaktor Purpose

Warum willst du einen Design Thinking-Workshop ausrichten? Welche Probleme willst du in deinem Workshop lösen? Wer sind die Nutzer, für die du eine Lösung entwickeln willst? Und wie soll es nach dem Workshop weitergehen? Die Antworten auf diese Fragen beschreiben den Purpose deines Workshops, den du vorab mit deinen Auftraggebern klärst (vergleiche Seite 69).

Lösungsoffen und nutzerzentriert

Dein Workshop braucht ein präzise formuliertes Ziel. Im Design Thinking formulieren wir das Workshop-Ziel als Design Challenge – lösungsoffen formuliert aus der Perspektive potenzieller Nutzer. Mit der Formulierung der Design Challenge legst du bereits vor dem Workshop das Suchfeld fest, in dem sich die Teilnehmer bewegen sollen. Was so trivial klingt, ist in der Praxis gar nicht so einfach, denn wir sind darauf trainiert, immer sofort in Lösungen zu denken, ohne zunächst das Problem zu definieren, das wir lösen wollen.

Auch im Unternehmensalltag stellen viele Stakeholder frühzeitig die Frage nach der Lösung, ihrer technischen Machbarkeit und ihres möglichen Geschäftserfolgs. Die Sicht auf die Bedürfnisse des Nutzers ist dagegen oft unterrepräsentiert. In den Käufermärkten von heute, in denen alle Macht beim Kunden liegt, ist das eine gefährliche Denkhaltung. Produkte, Services und Prozesse, die die Bedürfnisse von Nutzern nicht ausreichend berücksichtigen, können sich als teure Fehlinvestition erweisen.

Im Design Thinking ist der Nutzer Ausgangspunkt aller Überlegungen. Damit ist Design Thinking die passende Methode für die Entwicklung von Innovationen in einer Wirtschaft, in der der Wettbewerb an jeder Ecke lauert.

Schwerpunkt Digitalisierung

Design Thinking ist eine generische Methode. Sie eignet sich nicht nur für die Entwicklung von Produkt- und Serviceideen, sondern auch für die Gestaltung von Unternehmensprozessen und Organisationen bis hin zur

Gestaltung des eigenen Lebens im Kontext von Personal Coaching. In diesem Buch konzentrieren wir uns auf die Anwendung von Design Thinking im Unternehmen im Kontext der Digitalisierung, um Projekte für die Entwicklung neuer Produkte, Services oder Prozesse zu starten.

Möchtest du gleich loslegen und die Design Challenge für deinen Workshop formulieren? Dann springe weiter auf Seite 73. Dort findest du eine genaue Anleitung.

3.3 Erfolgsfaktor People

Seit den Siebzigerjahren des letzten Jahrhunderts hat sich Marketing als eigenständige Disziplin in Unternehmen und Hochschulen etabliert. Kunden- und Bedarfsorientierung sollte daher eigentlich eine Selbstverständlichkeit sein. Doch leider kommt es in Organisationen noch immer vor, dass neue Produkte, Services und Prozesse am Bedarf vorbei entwickelt werden. Häufig dominieren ehrgeizige Umsatzziele und die Faszination technischer Möglichkeiten die Entwicklung. Oder Innenpolitik und Meinungen beherrschen das Handeln. Da gerät der Mensch als Nutzer einer Lösung zuweilen aus dem Blick. Mit Design Thinking kannst du gegensteuern, indem du den Menschen und seine Bedürfnisse in den Mittelpunkt stellst. Der Erfolgsfaktor People – Designer sprechen auch von Human Factors[14] – verweist auf die zwei menschzentrierten Dimensionen des Design Thinking: die Einbeziehung von potenziellen Nutzern in die Lösungsfindung und die Zusammenarbeit in cross-funktionalen Teams.

Nutzer einbeziehen

Der Nutzer oder User, das sind die Menschen, für deren Bedürfnisse und Probleme du im Design Thinking-Prozess eine Lösung erarbeitest. Die Orientierung am Nutzer verweist auf die Wurzeln des Design Thinking im Industrial und Interaction Design. Dort ist die Beschäftigung mit dem Nutzer bereits seit Jahrzehnten Ausgangspunkt der Entwurfsphase. Dahinter steckt die Haltung, dass es bei jeder neuen Lösung letztendlich um die Zufriedenheit und Befriedigung von Bedürfnissen derjenigen geht, die sie benutzen. Dabei ist der Nutzer nicht immer gleichbedeutend mit dem Kunden. Ein Beispiel sind Spielzeuge für Kinder. Nutzer sind die Kinder selbst, doch die Kunden sind in den meisten Fällen die Eltern und Großeltern. Ein weiteres Bespiel ist Unternehmenssoftware, die in den meisten Fällen von der IT-Abteilung eingekauft wird – täglich produktiv genutzt wird sie jedoch von Mitarbeitern in Fachabteilungen. Beide sind wichtig bei der Konzeption neuer Lösungen. Wer ausschließlich auf den Kunden zielt, vergisst, dass potenzielle Nutzer eines Produkts im Hintergrund einen starken Einfluss auf die Entscheidung des Kunden haben können.

Im Design Thinking-Prozess beschäftigen sich die Teilnehmer in zwei Phasen intensiv mit Nutzern und Kunden: In der Forschungsphase explorieren sie mit qualitativen Methoden deren Ziele und Bedürfnisse. In der Testphase geben Nutzer oder Kunden Feedback zur Lösungsidee, sodass Teams frühzeitig abschätzen können, ob sie auf dem richtigen Weg sind.

Häufig wird auf die Einbindung echter Kunden und Nutzer verzichtet. Gründe dafür sind mangelnde Vorbereitung, ein als zu hoch empfundener Organisationsaufwand und Hemmungen, die eigenen Kunden mit unfertigen Konzepten zu konfrontieren. Doch ohne Vertreter des Zielsegments im Workshop verpassen die Teilnehmer den Impuls eines Perspektivwechsels und die Chance zur Einfühlung in deren Situation, Emotionen und Gedanken. Je früher sich die Organisation damit beschäftigt, wer der Nutzer und Kunde sein soll und wie er in einen Design Thinking-Prozess eingebunden werden kann, desto größer ist die Chance, dass im Workshop bislang unerkannte Bedürfnisse entdeckt werden.

Die Einbindung von Nutzern in Design Thinking-Workshops ist eine große planerische Herausforderung. Daher findest du ab Seite 69 weitere organisatorische Hinweise.

Cross-funktionale Teams aufstellen

Design Thinking gewinnt seine Schöpfungskraft aus der Vielfalt und dem abgestimmten Zusammenwirken von Teilnehmern aus unterschiedlichen Disziplinen. Gruppen entwickeln Ideen schneller und erfolgreicher als Einzelpersonen. Das Problem des Nutzers fest im Blick, lebt Design Thinking von bunt gemischten, diversen Teams, die gemeinsam an der Lösung arbeiten. Ihre jeweiligen Perspektiven ermöglichen eine Rundumausleuchtung von Problem- und Lösungsraum. Diversität verhindert blinde Flecken. Cross-funktionale Teams sind eher in der Lage, eingefahrene Denkschablonen zu durchbrechen, da unterschiedliche Fachkompetenzen um den besten Weg zur Lösung ringen und sich wechselseitig inspirieren. Cross-funktionale Teams minimieren das Risiko von Fehleinschätzungen und vergrößern das Spektrum an Ideen und Lösungsoptionen.

Idealerweise arbeiten Personen aus verschiedenen Unternehmensbereichen in einem Team zusammen. Stelle Menschen aus möglichst unterschiedlichen Fachgebieten und Kulturen zu cross-funktionalen Teams zusammen.

Die ideale Workshop-Größe beläuft sich auf acht und bis fünfzehn Teilnehmer mit Teams von vier bis fünf Personen. Bei acht Teilnehmern können zwei vierköpfige Teams parallel arbeiten. Bei fünfzehn Teilnehmern kannst du drei fünfköpfige Teams bilden.

Sind die Teams gebildet, arbeiten sie über alle Phasen des Design Thinking-Prozesses end-to-end zusammen. Damit das Team gut Fahrt aufnehmen kann, ist es notwendig, dass jeder Teilnehmer mit voller Aufmerksamkeit und ohne Unterbrechung Teil des Teams wird.

Überlege bei der Auswahl der Teilnehmer auch, welche Teilnehmer die Möglichkeit haben, den Lösungsansatz nach dem Workshop als Teil eines stabilen Projektteams weiter auszuarbeiten. Führe gegebenenfalls Vorgespräche mit Teilnehmern und Führungskräften, um zu klären, wer Teil des späteren Projektteams werden könnte.

Selbstorganisierte, hierarchiefreie Teamarbeit

Design Thinking-Teams sind selbstorganisiert. Es gibt keine vorgegebenen Leitungsrollen oder Hierarchien. Jeder hat die gleiche Stimme, jeder Beitrag ist wertvoll. Gemeinsam arbeiten sie im vorgegebenen Zeit- und Prozessrahmen daran, eine Lösung für die vorab formulierte Design Challenge zu entwickeln.

Hierarchiefreie Zusammenarbeit erfordert sehr viel Kommunikation und aktives Zuhören, da die Teilnehmer sich aufgrund ihrer Herkunft aus unterschiedlichen Abteilungen und Fachgebieten einspielen müssen, um fachsprachliche Grenzen zu überwinden.

Als Designfacilitator hilfst du, die Kommunikation im Fluss zu halten. Du kannst die Selbstorganisation des Teams stärken, indem du in jedem Team einer Person die Rolle eines Co-Facilitators zuweist, der bei der Einhaltung von Zeitvorgaben und bei der Entscheidungsfindung unterstützt.

Tipp: Rollenklärung Führungskräfte

Weise die Führungskräfte, mit denen du vorab den Rahmen klärst, darauf hin, dass sie aufgrund ihres höheren Rangs die flüssige Zusammenarbeit von Teams unter Umständen hemmen. Es besteht die Gefahr, dass die Teilnehmer sich – wie aus dem Arbeitsalltag gewohnt – an den Entscheidungen der Führungskräfte ausrichten und ihre eigenen Beiträge und Sichtweisen zurückhalten, sodass die Perspektivenvielfalt unterdrückt wird. Führungskräfte sollten sich bewusst zurücknehmen. Eine andere Möglichkeit besteht darin, dass Führungskräfte von einer Teilnahme am Workshop absehen und nur zu Beginn als Projektsponsor auftreten, um sich am Ende die Lösungsansätze präsentieren zu lassen.

Willst du gleich starten, um Teilnehmerauswahl und Nutzerforschung anzustoßen? Dann springe auf Seite 69, um weitere Details zu erfahren.

3.4 Erfolgsfaktor Place

Auch wenn die Ideen im Kopf des Einzelnen entstehen, so braucht der Mensch doch Raum zum Denken. Arbeitsräume erzeugen Stimmungen und Emotionen und wirken so unmittelbar auf die Arbeitsleistung – im positiven wie im negativen Sinne. Design Thinking baut auf Emotionen und schnelle Perspektivwechsel, es braucht Platz und Raum für Bewegung.

Mit dem Erfolgsfaktor Place schaffst du das räumliche Umfeld für kreatives Arbeiten. Der Workshop-Raum sollte in Grundriss, Lage und Aufbau den Design Thinking-Arbeitsmodus bestmöglich unterstützen.

Neutraler, flexibler Workshop-Raum

Ideal ist ein leerer, neutraler Raum mit quadratischem, leicht rechteckigem, rundem oder L-förmigem Grundriss. Ungeeignet sind lang gezogene, verwinkelte Räume sowie Räume, die unverrückbares Mobiliar enthalten. Pro Teilnehmer sollten mindestens fünf Quadratmeter Fläche bereitstehen. Der Raum sollte hell und natürlich belüftet sein. Auch eine schallarme, dämpfende Akustik spielt eine große Rolle für das Wohlfühlklima einer Workshop-Gruppe.

Ein Videobeamer sollte verfügbar sein, alternativ ein großer Bildschirm, dazu ein drahtloser Internet-Zugang mit guter Bandbreite und einfachem Log-in, sodass während des Workshops Recherchen, Video-Calls und Video-Streaming möglich sind.

Sollen zufällige Straßeninterviews geführt werden, sollte der Workshop-Ort in einem belebten Umfeld liegen – zum Beispiel in der Innenstadt oder in Nähe eines Einkaufszentrums. So schön Seminarhotels auf dem Land auch sein mögen – für Ad-hoc-Straßeninterviews mit Passanten ist eine abgeschiedene Lage eher hinderlich.

©STARTRAUM Göttingen

Arbeitsräume für Design Thinking sollten möglichst leer und flexibel möbliert sein. Büroräume mit fest eingebauten Konferenztischen sind ungeeignet.

Vorhandene Räume nutzen

Sollen organisationseigene Räume genutzt werden, ist Improvisation gefragt. Es darf durchaus auch ein großzügiger Lobby- oder Eingangsbereich, eine Kantine, eine Werkshalle oder ein Lagerraum sein, sofern die räumlichen Anforderungen erfüllt werden.

Gibt es in deiner Organisation spezielle Räume für Kreation und Innovation, sind diese natürlich die erste Wahl. Darin gibt es meistens spezielles Mobiliar, das kreatives Arbeiten bestmöglich unterstützt. Wenn sich kein geeigneter Raum finden lässt, kannst du einen externen Raum anmieten.

Willst du jetzt tiefer in die Raumplanung einsteigen? Dann gehe vor auf Seite 82. Dort findest du weitere Hinweise zur Raumauswahl und -gestaltung.

3.5 Erfolgsfaktor Process

Erst der Nutzer, dann das Produkt: Eine große Leistung von Design Thinking besteht darin, dass es das intuitive Vorgehen von Designern in ein nachvollziehbares Kreativprozessmodell überführt, das auch für Nicht-Designer zugänglich ist. Die Gestaltung des Erfolgsfaktors Process gehört zu deinen zentralen Aufgaben als Designfacilitator.

Double Diamond – generischer Designprozess

Das Vorgehensmodell des Design Thinking spiegelt einen empirischen, agilen Innovationsprozess, der über Nutzertests neue Erkenntnisse gewinnt, um die Prototypen der Lösung schrittweise zu verfeinern. Dabei kann es auch notwendig werden, nochmals in eine frühere Phase des Prozesses zurückzuspringen – etwa weil die ursprüngliche Problemformulierung aufgrund neuer Erkenntnisse und Einsichten, sogenannter Insights, nochmals revidiert werden muss. Das Vorgehensmodell wird je nach

Autor unterschiedlich visualisiert. Allen Modellen ist gemeinsam, dass sich der kreative Konzeptfindungsprozess in eine Phase der Problemanalyse (Problemraum) und in eine Phase der Lösungsfindung (Lösungsraum) gliedert.

Das britische Council of Design, eine unabhängige Nichtregierungsorganisation in Großbritannien, hat als Metamodell den sogenannten Double Diamond (= doppelte Raute) entwickelt und über seine Veröffentlichungen[15] bekannt gemacht.

Der Double Diamond ist ein generisches Modell für Designprozesse. Die erste Raute beschreibt den Problemraum. Im Problemraum denkt und handelt dein Team zunächst divergent. Es sammelt eigenes Wissen und Beobachtungen aus der Realität, um den Problemraum möglichst umfassend zu beschreiben. Darauf folgt eine Phase konvergenten Denkens: Das Team interpretiert die Daten, folgt seiner Intuition und trifft Entscheidungen, um die Daten zu verdichten und das zu lösende Problem zu präzisieren.

Ist das Problem ausreichend durchdrungen und beschrieben, geht das Team erneut in den divergenten Denkmodus über. Es öffnet sich, um möglichst viele Ideen zu entwickeln, die das Problem bestmöglich lösen. Schließlich wählt das Team im konvergenten Denkmodus die besten Ideen aus, um sie als Prototypen zu konkretisieren und zu testen.

Geht es um breite Exploration und Ideenfindung, treiben die Gedanken und Impulse des Teams im divergenten Denkmodus weit auseinander. Geht es um Einordnung, Auswahl und Entscheidung, sucht das Team im konvergenten Denkmodus einen gemeinsamen Fokus für den nächsten Schritt. Entspannung und Spannung, Öffnen und Schließen wechseln sich ab – wichtig und für dass effektive Arbeiten entscheidend ist, dass die Teammitglieder den Design Thinking-Prozess aktiv und gemeinsam durchleben und sich bewusst sind, in welchem Modus sie gerade handeln.

Design Thinking-Prozess

divergent
Konvergent
divergent
Konvergent

Problem-raum
Nutzer

Double Diamond

Lösungs-raum
Produkt

Team Building Experience

Der Double Diamond ist ein einfaches Modell für Designprozesse, das den Denkprozess des Design Thinking von der Problemanalyse zur Lösungsfindung auf anschauliche Weise visualisiert.

Design Thinking in sechs Modi

Für die feinere Aufteilung des Double Diamond orientieren wir uns in diesem Buch an den sechs Modi des Design Thinking-Kreativprozessmodells der School of Design Thinking des Hasso-Plattner-Instituts Potsdam[16].

Die D-School unterscheidet sechs Modi:

- Thema verstehen (understand): In der Understand-Phase entwickeln die Teams ein gemeinsames Verständnis der Design Challenge. Sie tauschen ihr vorhandenes Wissen zum Problemraum aus und sammeln die offenen Fragen, um sie in der anschließenden Forschungsphase näher zu explorieren.
- Beobachten und einfühlen (observe): In der Observe-Phase verlassen die Teams ihre Innensicht und erforschen die Außenwelt, um Inspirationen zu sammeln und Empathie für Nutzer und Betroffene aufzubauen.
- Blickwinkel definieren (define point of view): In der Point-of-View-Phase legen sich die Teams fest, aus wessen Perspektive sie die Herausforderung betrachten wollen. Die bis hierhin gewonnenen Erkenntnisse zu Nutzerbedürfnissen werden zusammengetragen, gegliedert, verdichtet und interpretiert, um die Problembeschreibung weiter zu präzisieren.
- Ideen entwickeln (ideate): In der Ideate-Phase entwickeln die Teams mithilfe von Kreativitätstechniken eine Vielzahl von Lösungsideen und wählen die besten aus.
- Prototypen bauen (prototype): In der Phase Prototype konkretisieren die Teams ihre Ideen in anschaulichen und anfassbaren Artefakten für Nutzertests und Stakeholder-Präsentationen. Design Thinking bevorzugt niedrig auflösende, einfach herstellbare Prototypen, die mit geringem Zeitaufwand auf Basis von Skizzen, Lego oder anderen verfügbaren Materialien hergestellt werden.

Design Thinking-Prozess

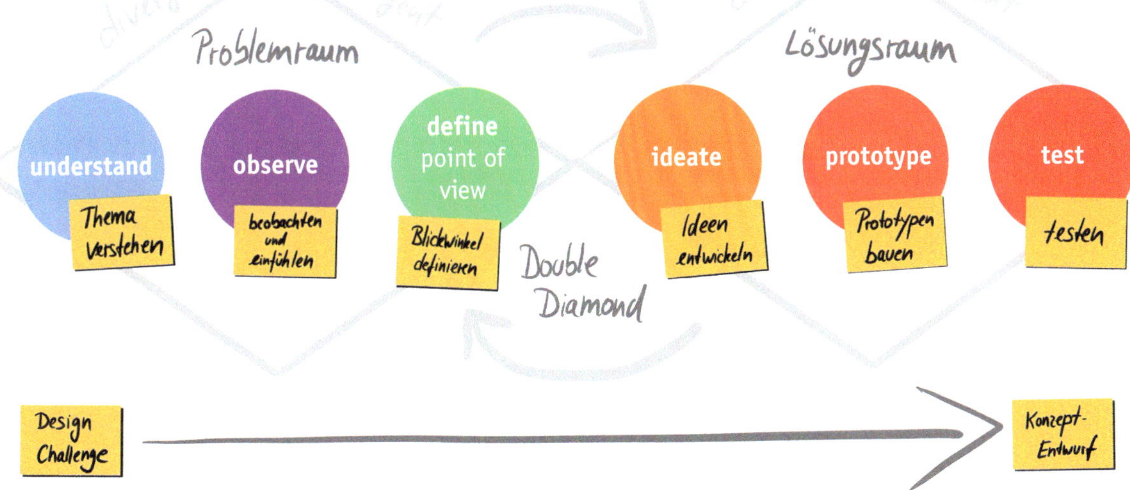

Der Double Diamond eignet sich als Modell, um die sechs Modi des Design Thinking-Prozesses der School of Design Thinking des HPI zu erklären. Das Modell wirkt linear, doch in der Realität wird häufig in bereits durchlaufene Phasen zurückgesprungen, um neue Daten für Fragen zu sammeln, die im Verlauf des Kreativprozesses aufgekommen sind.

- Testen (test): In der Testphase nutzen die Teams die Prototypen, um das Feedback von Nutzern zur Lösungsidee einzusammeln.

Die drei ersten Modi beschreiben die Denk- und Arbeitsschritte in der ersten Raute des Double Diamond – dem Problemraum. Die drei letzten Modi sind Teil des Lösungsraums, der zweiten Raute.

Das Phasenmodell sieht linear aus, stellt aber nur eine einzige Iteration von vielen dar, die du im Verlauf eines längeren Projekts möglichst schnell durchlaufen solltest, um deine Annahmen immer wieder frühzeitig mit Tests zu überprüfen. So springt das Team nach Durchführung erster Tests in der Regel noch einmal zurück zur Phase Prototype, um das Gelernte in den Prototyp einzuarbeiten.

In diesem Buch konzentrieren wir uns auf den Start von Projekten mit Design Thinking. Dabei durchlaufen deine Teams vollständig eine Iteration des Prozesses. Mit dem Workshop-Konzept Innovationstarter, das Teil dieses Buches ist, zeigen wir dir, wie du in drei Workshop-Tagen dein Projekt ausdefinierst und startest (vergleiche Seite 66).

3.6 Erfolgsfaktor Pace (Tempo)

Workshops eignen sich für die Lösung komplexer Probleme in kurzer Zeit. Sie befördern den Austausch von Wissen und Ideen, indem sie komplexen sozialen Interaktionen zwischen Menschen kontrolliert Raum geben. Der Prozess des Design Thinkings oszilliert zwischen divergenten Phasen des Sammelns und Findens und konvergenten Phasen des Bewertens und Entscheidens. Diesen Modi-Wechsel vollziehen die Teams sowohl während der Exploration des Problemraums als auch bei der Lösungsfindung. Eine besondere Herausforderung liegt darin, einen abgestimmten Rhythmus zwischen den verschiedenen Phasen und Modi zu finden. Als Designfacilitator hast du starken Einfluss auf den Pace – auf Tempo und Rhythmus – deines Workshops.

Der Design Thinking-Arbeitsmodus folgt einer gut vorhersehbaren Dramaturgie.
Das Stimmungshoch der Gruppe wird im Modus »Prototyp bauen« erreicht.

Workshop-Dramaturgie

Die Stimmungslage einer Workshop-Gruppe im Design Thinking-Modus folgt einem gut vorhersehbaren Spannungsbogen. Am Anfang sind Neugierde und Aufgeschlossenheit spürbar, bei ungeübten Teams auch Verwirrung über die Herangehensweise von Design Thinking. Haben sich die Teams gefunden und eingespielt, sind in den Modi Thema verstehen, beobachten und einfühlen sowie Blickwinkel definieren analytisches Denken und konzentrierter Austausch gefragt. In dieser Arbeitsphase wirkt das Team oft angestrengt – besonders dann, wenn es darum geht, Schlüsse aus den Ergebnissen der Nutzerforschung zu ziehen und sich zu entscheiden, welcher Blickwinkel auf das gefundene Problem eingenommen werden soll.

Durch die intensive Beschäftigung mit dem Nutzer und seinen Problemen reifen in den Köpfen bereits erste Ideen. Leite die Teams nach Möglichkeit in der ersten Hälfte des Tages zu den Kreativitätstechniken für die Ideenfindung hin. Am Nachmittag sind häufig erste Erschöpfungszustände und Müdigkeit spürbar. Schließe die eigentliche Ideenfindung daher am Vormittag ab – die Auswahl der besten Ideen kannst du auf den Nachmittag legen.

Den Höhepunkt von Ausgelassenheit und guter Laune erreichen die Teams in der Regel in der Prototypen-bauen-Phase, gefördert durch die Begeisterung für die eigene Idee, den spielerischen, haptischen Umgang mit Materialien und die inzwischen erlangte Sicherheit mit dem eigenen Team.

Beim Testen und Pitchen lässt die Ausgelassenheit erneut nach. Die Teams hängen an den ersten Ideen. Werden die Nutzer ebenso begeistert sein? In die Spielfreude mischen sich jetzt Anspannung und Aufregung.

Rufe dir diese Dramaturgie ins Gedächtnis, sobald du Zeichen von Ermüdung oder Unzufriedenheit spürst. Plane zunächst mit den Zeitangaben des Innovationstarter-Workshops in diesem Buch. Sobald du etwas Erfahrung gesammelt hast, kannst du Phasen der Anspannung und Entspannung über Zeitvorgaben beeinflussen. Setze gezielt Warm-ups (vergleiche Seite 108 und 157) ein, um die Atmosphäre aufzulockern. Führe ungeübte Teilnehmer auf jeden Fall bis in den Modus »Prototyp bauen«, da sie erst hier beginnen, den Nutzen von Design Thinking vollumfänglich zu verstehen. Halte die Aktivität der Workshop-Gruppe hoch, indem du sie beschäftigt hältst.

Begrenze Frontalpräsentationen auf eine Länge von maximal zehn Minuten. Frontalpräsentationen zwingen die Teilnehmer in eine passive Zuhörerrolle und ermüden schnell.

Takt halten mit Timeboxing

Ähnlich wie ein DJ steuerst du als Designfacilitator Tempo, Fluss, Momentum und zeitlichen Takt des Workshops. Mit vorgegebenen Zeiteinheiten (Timeboxing) hilfst du den Teams durch den Prozess. Teilnehmer tun sich zuweilen schwer, eine Aufgabe in der vorgegebenen Zeit zu bearbeiten. Viele leisten Widerstand, wenn die Timebox abgelaufen ist, und bitten um mehr Zeit. Bitte im Gegenzug um eine Schätzung für die benötigte Nachspielzeit und gib sie an die gesamte Workshop-Gruppe weiter. Führe das Pareto-Prinzip[17] als Arbeitsvereinbarung ein und weise darauf hin, falls du dem Nachspielwunsch der Teams aus Zeitgründen nicht nachkommen willst.

Das Pareto-Prinzip besagt, dass wir achtzig Prozent der Ergebnisse mit zwanzig Prozent des Aufwandes erreichen. Erkläre dem Team, dass es in der frühen Phase des kreativen Konzeptfindungsprozesses wenig Sinn macht, viel Zeit für eine tiefere Analyse einer komplexen Problemstellung zu verwenden, da die Lösung angesichts der Komplexität nur durch schrittweise Annäherung über Tests und Iterationen gefunden werden kann.

Für die Zeitmessung kannst du einen analogen Time Timer oder eine App für Zeitmessung verwenden, sodass die Teams immer sehen können, wie viel Zeit noch übrig ist. Du kannst auch eine Timekeeper-Rolle im Team einführen. Der Timekeeper unterstützt dich beim Zeitmanage-

Ein analoger Time Timer hiflt den Teams, die vorgegebenen Zeitziele einzuhalten.

ment und hat die Verantwortung, die Zeitziele seines Teams zu managen.

Vermeide zeitliche Überziehungen. Die Teilnehmer stellen sich in ihrer Planung auf ein pünktliches Ende ein. Sie planen Abreisezeiten und Folgetermine aufgrund der vorab kommunizierten Zeitangaben. Mit hoher Wahrscheinlichkeit haben sie nur geringe zeitliche Spielräume für Überziehungen. Ein gemeinsamer Abschluss mit allen Teilnehmern ist aber äußerst wichtig, um Commitments für die nächsten Schritte einzuholen und das Projekt kraftvoll zu starten. Du musst trotzdem überziehen? Dann kläre rechtzeitig, wer bleiben kann und wer weg muss, und biete Raum für Abschiedsrituale und die Re-Organisation der verbleibenden Teilnehmer.

Die Zeiten, die für die einzelnen Workshop-Sessions in diesem Buch angegeben sind, haben sich als Richtwert bewährt. Tipps für eine präzise zeitliche Planung findest du ab Seite 95.

Organisationskultur berücksichtigen

Dein Workshop sollte weder lähmend noch hektisch auf die Teilnehmer wirken. Er sollte die gewohnte Arbeitsgeschwindigkeit der Teilnehmer berücksichtigen. Die mögliche Arbeitsgeschwindigkeit hängt von individuellen

Fähigkeiten und von der Organisationskultur ab. In einer Organisationskultur, in der agile Selbstorganisation häufig praktiziert wird, werden die Teilnehmer weniger Zeit benötigen als in Organisationskulturen, in denen agile Arbeitsformen noch nicht üblich sind.

Tipp: Ausufernde Diskussionen abbrechen

Stoppe ausufernde Diskussionen mit wenigen Teilnehmern, wenn du merkst, dass die Aufmerksamkeit der anderen Teilnehmer nachlässt.

Du kannst Diskussionen abbrechen, indem du die letzten Beiträge lobst und mit einem Verweis auf die Zeit die Diskussion abbrichst. Alternativ kannst du die Zahl der noch zulässigen Beiträge auf ein bis zwei begrenzen oder den Diskutierenden anbieten, die offenen Fragen in einem Seitengespräch in der nächsten Pause zu erörtern.

3.7 Erfolgsfaktor Project

In vielen Organisationen werden Design Thinking-Workshops in der Phase vor dem eigentlichen Start eines formalen Projekts durchgeführt. Ein Workshop wie der in diesem Buch beschriebene Innovationstarter-Workshop kann die Vorprojektphase verkürzen, weil alle wesentlichen Eckpunkte für die Definition eines formalen Projekts in drei Tagen erarbeitet werden können. Doch was sind überhaupt Projekte? Projekte sind abgegrenzte, einmalige Vorhaben mit festem Start- und Endtermin und eindeutig zugeordneten Ressourcen, bei denen zwar das Ziel definiert, der Lösungsweg aber weitgehend ungeklärt ist.

Damit dein Projekt zügig starten kann, solltest du mit deinen Auftraggebern frühzeitig die Rahmenbedingungen klären, in die deine Initiative eingebettet ist. Was soll mit den Ergebnissen geschehen? Welche Kandidaten gibt es für das Projektteam? Und welche Ressourcen an Zeit und Geld stehen dir zur Verfügung? Selbst wenn die

Antworten im Workshop noch erarbeitet werden müssen, trägst du mit der zeitigen Klärung der Rahmenbedingungen dafür Sorge, dass die Lösungsansätze deines Design Thinking-Workshops im Nachgang tatsächlich in einem formalen Projekt weiterentwickelt und umgesetzt werden.

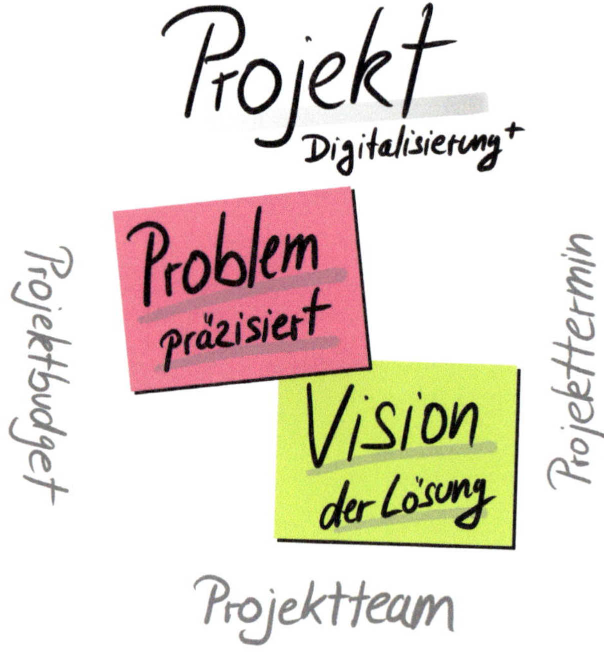

Mit Design Thinking definierst du Konzeptansätze und Rahmenbedingungen von Projekten im Unternehmen – nicht nur, aber sehr häufig für Themen der Digitalisierung.

Design Thinking für Digitalisierungsprojekte

Die Praxis hat gezeigt, dass Design Thinking gerade in Digitalisierungsprojekten sehr häufig Anwendung findet. Damit trägt Design Thinking dazu bei, die komplexen Probleme der digitalen Transformation von Organisationen co-kreativ zu lösen. Komplexe Probleme sind Problemtypen, bei denen die Lösung nicht auf der Hand liegt. Erst in der Rückschau lässt sich beurteilen, ob die Lösung die Bedürfnisse von Nutzern befriedigt. Komplexe Probleme lassen sich nicht mit klassischer Planung lösen. Sie erfordern agile Arbeitsweisen, mit deren Hilfe sich selbstorganisierte Teams mit Experimenten Schritt für Schritt an die Lösung heranarbeiten.

Sobald du im Innovationstarter-Workshop das Projekt inhaltlich umrissen hast, kannst du die weitere Projektarbeit auf Grundlage agiler Frameworks fortsetzen. Neben Design Thinking sind auch die Methoden-Frameworks Scrum, Lean Start-up und Kanban für Software Teil der Methoden-Toolbox für agile Arbeitsweisen in selbstorganisierten Projektteams. Mit Lean Start-up validierst du im weiteren Projektverlauf mit Experimenten kontinuierlich deine erfolgskritischen Annahmen, mit Scrum oder Kanban für Software organisierst du den zyklischen Arbeitsfluss des Projektteams in kurzen Iterationen von einer bis maximal vier Wochen, den sogenannten Sprints.

Projektumfang umreißen, Buy-in erzeugen

Um strategische Ziele zu erreichen, werden Projektthemen häufig von der Unternehmensleitung formuliert. Die inhaltliche Ausgestaltung der Themen überlässt man den Fachbereichen – zum Beispiel dir und den Teilnehmern deines Workshops. Bevor es losgehen kann, verlangen viele Organisationen formale Projektanträge für die Zuordnung von Budgets und Ressourcen. Im Projektantrag musst du dein Projekt dafür inhaltlich umreißen. Wie soll das Konzept genau aussehen? Dafür brauchst du das Wissen und die Ideen unterschiedlicher Fachbereiche, Abteilungen und Stakeholder. Design Thinking hilft dir, Wissen und Ideen zu bündeln und blinde Flecken zu vermeiden. Mit Design Thinking entwickelst du in der Vorprojektphase mit allen Beteiligten konkrete Lösungsansätze, die Inhalt und Umfang (scope) deines Projekts konkretisieren, Stakeholder überzeugen und die Projektdefinition erheblich vereinfachen. Gleichzeitig sicherst du dir die Zustimmung (buy-in) aller Beteiligten, da sie an Problemdefinition, Lösungsfindung und Projekt-Kickoff mitwirken.

Weil Design Thinking neue Lösungen zunächst auf Grundlage der Bedürfnisse der späteren Nutzer entwickelt, bevor es deren technische Machbarkeit, Wirtschaftlichkeit – und zunehmend auch deren Nachhaltigkeit – überprüft, sicherst du frühzeitig die Akzeptanz des Projektergebnisses bei Anwendern, Kunden und Mitarbeitern.

4 Mit dem Innovationstarter-Workshop komplexe Projekte initiieren

4.1 Workshops als Erlebnisräume für Neue Arbeit

Gebaut auf den Ideen des Sozialphilosophen Frithjof Bergmann[18], hat sich in den letzten Jahren der Begriff der Neuen Arbeit (New Work) etabliert. Der Begriff hat zahlreiche Schattierungen, immer aber meint er eine Auflösung von traditionellen, industriegeprägten Arbeitsmodellen hin zu flexiblen, mitarbeiterzentrierten Werten, Prinzipien und Organisationsstrukturen.

Workshops sind Gestaltungsmittel auf dem Weg zu New Work, denn Workshops sind interaktive Events, in denen Menschen in einer werkstattähnlichen Situation intensiv zusammenarbeiten, um gemeinsam ein komplexes Problem zu lösen. Sie bestehen aus dramaturgisch durchdachten Aneinanderreihungen von Denk- und Handlungsschritten, mit denen du als Designfacilitator Momentum erzeugst und Ideen befeuerst, um neue Projekte aus der Taufe zu heben. In Workshops kann Neue Arbeit erlebt und eingeübt werden.

Design Sprints sind hochstandardisierte Workshops, um einen Entwurfsprozess um eine Iteration voranzubringen. Sie sind auf Effektivität getrimmt und versprechen, bei genauer Befolgung der Regeln mit großer Sicherheit ein nützliches Ergebnis zu erzeugen. Sprints folgen einer besonders fein durchgetakteten Abfolge von Tool-Sessions. Sie befördern die co-kreative Zusammenarbeit im Team, indem sie Orientierung beim Durchschreiten des noch weitgehend offenen Problem- und Lösungsraums geben.

In dem folgenden Buchteil erkläre ich dir Schritt für Schritt, wie du deinen eigenen Design Sprint initiierst, konzipierst und durchführst. Ausgangspunkt der Planung ist mein vielfach bewährtes Workshop-Format zum Start neuer Projekte, das ich Innovationstarter nenne. Du kannst das Format exakt übernehmen oder es in der Planungsphase an die Themen, Teilnehmerzahlen, Zeitfenster, die Kultur und die Umwelt deiner Organisation anpassen. Im Verlauf der Konzeption kannst du den Innovationstarter nach Belieben um eigene Elemente ergänzen.

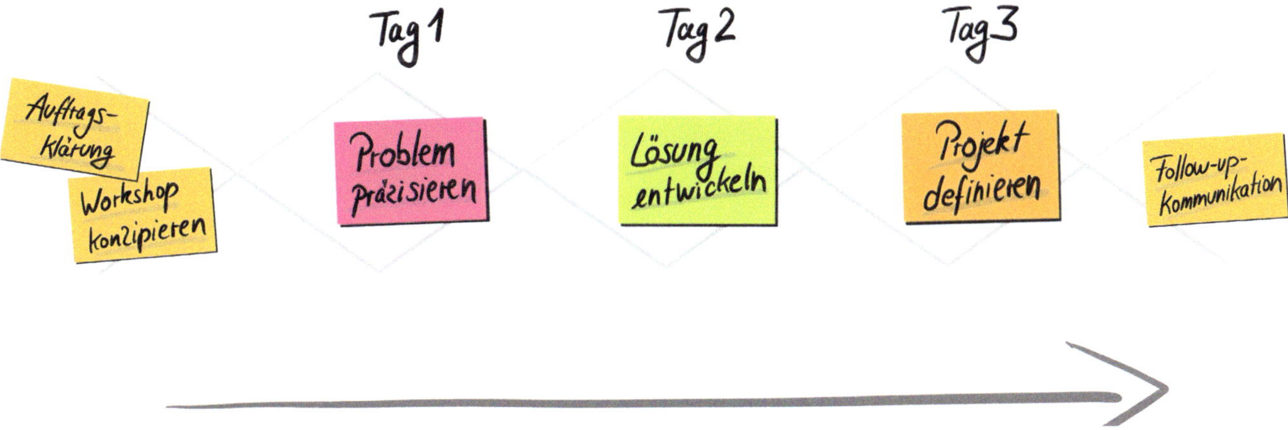

Das Innovationstarter-Workshop-Format teilt sich auf drei Tage auf. Durch sorgfältige Auftragsklärung, Vor- und Nachbereitung sicherst du deinen Erfolg.

Die Arbeit am Innovationstarter lässt sich in die folgenden Phasen unterteilen:

- Auftragsklärung
- Workshop konzipieren
- Workshop-Tag 1: Problem präzisieren
- Workshop-Tag 2: Lösung entwickeln
- Workshop-Tag 3: Projekt definieren
- Follow-up-Kommunikation

Die Abfolge und zeitliche Staffelung der ersten beiden Workshop-Tage beruht auf dem Design Thinking-Prozess. Der dritte Workshop-Tag orientiert sich stilistisch an der Arbeitsweise des Design Thinking. Inhaltlich ist er jedoch ein typischer Kick-off-Workshop zum Start eines neuen Projekts.

Für die einzelnen Arbeitsphasen des Innovationstarter habe ich eine Reihe von Tools für dich zusammengestellt. Unter Tools verstehe ich visuelle Denkwerkzeuge, mit denen du den Teilnehmern hilfst, eine gemeinsame Sprache zu finden, um die jeweiligen Teilergebnisse zu erarbeiten. Die einzelnen Tools sind unter Fachleuten weitgehend bekannt. Der Charme des dreitägigen Innovationstarter-Sprints liegt in der Abfolge, zeitlichen Taktung und Aufbereitung der Tools, die Ergebnis langjähriger Anwendungserfahrungen im Kontext von Workshops für den Start neuer Projekte sind.

Im folgenden Kapitel erfährst du zunächst, wie du den Auftrag für deinen Workshop mit deinem Auftraggeber klärst. Danach führe ich dich durch alle Schritte der Konzeption. Schließlich stelle ich dir alle Tools des Innovationstarter-Workshops vor, und zwar genau in der Reihenfolge, in der sie im Workshop aufeinander folgen. Ich erkläre dir bis ins Detail, wie die einzelnen Tools funktionieren und was du jeweils tun musst, um sie anzuleiten. Am Ende jedes Workshop-Tages findest du eine tabellarische Auflistung aller Tools als minutengenaue Ablaufplanung, die du herunterladen und anpassen kannst. Dieses Microtiming kannst du als Planungsdokument nutzen, um deinen eigenen Workshop vorzubereiten.

4.2 Auftragsklärung

Idealerweise startest du drei Monate bis spätestens sechs Wochen vor dem geplanten Termin mit der Vorbereitung des Workshops. In größeren Unternehmen ist ein längerer Vorlauf erforderlich als in kleineren. Je später du mit der Vorbereitung startest, desto schwieriger wird es, Teilnehmer zu gewinnen, geeignete Räume zu buchen und die Nutzerforschung vorzubereiten.

Kläre zunächst die Rahmenbedingungen und hole dir die Zustimmung deines Auftraggebers (Buy-in) zur Durchführung des Innovationstarter-Workshop, bevor du in die Details der organisatorischen Umsetzung einsteigst. Dafür musst du wissen, wer dein Auftraggeber überhaupt ist. Wer wird deinen Workshop unterstützen und finanzieren? In der Regel ist es der Sponsor des Projektvorhabens, für das du die Umsetzungsverantwortung übernommen hast – und für das der Sprint den ersten Schritt zur Lösung markiert. Dein Auftraggeber kann intern oder extern sein. Es können Führungskräfte in deiner Organisation sein, die an dich herantreten, um ein Problem zu lösen, oder Kunden, für die du als Dienstleister tätig bist. Der Vorschlag, das Problem mit dem Innovationstarter-Workshop zu lösen, kann dabei auch von dir selbst ausgehen.

Was ist eigentlich das Problem, das gelöst werden soll? Wer braucht die Lösung? Und ist Design Thinking die richtige Methode dafür? Diese und andere offene Fragen kannst du in einem Auftragsklärungsgespräch klären. Im Auftragsklärungsgespräch bist du als Berater gefragt, denn dein Auftraggeber ist mit den methodischen Details von Design Thinking in der Regel nicht vertraut und kann ohne deine Hilfe die Entscheidungen zum Workshop-Set-up, die bereits viele Wochen vor der Durchführung notwendig sind, nicht treffen. Es ist deine Aufgabe, den Auftraggeber bei der Formulierung des Workshop-Ziels, der Auswahl der Teilnehmer, der Workshop-Länge, der Raumauswahl und der groben Gliederung des Ablaufs zu beraten. Verlange keine Perfektion. Lebe mit Unschärfen. Geht gemeinsam grob durch die Workshop-

Planung. Den Detailgrad kannst du im weiteren Verlauf der Planung schrittweise verfeinern.

Du kannst die Herangehensweise von Design Thinking auch für die Vorbereitung und Gestaltung des Auftragsklärungsgesprächs nutzen: Zunächst versuchst du, das Problem des Auftraggebers zu verstehen, dann entwickelt ihr gemeinsam Rahmenbedingungen und das grobe Workshop-Design in einem maximal eineinhalbstündigen Auftragsklärungsgespräch. Darin ist zu klären, ob Design Thinking sich überhaupt für das Thema eignet. Hast du den groben Rahmen gesteckt, kannst du die sechs Erfolgsfaktoren Purpose, People, Place, Process, Pace und Project mit dem Auftraggeber durcharbeiten und konkretisieren. Mit den folgenden Kapiteln bereitest du dich darauf vor.

Ist Design Thinking der richtige Ansatz?

Kläre mit deinem Auftraggeber exakt die Erwartungen: Wo soll der Schwerpunkt liegen? Soll es eher ums Lernen oder ums Liefern gehen? In diesem Buch konzentrieren wir uns auf Workshops, um Lösungen zu liefern, im Gegensatz zu Trainingsworkshops zum Erlernen von Design Thinking. Für Workshops mit Trainingsschwerpunkt empfehle ich dir, auf einen professionellen Design Thinking-Trainer zurückzugreifen. Lass dich nicht darauf ein, beide Schwerpunkte gleichzeitig zu verfolgen. Ein Mangel an Fokus kann Teilnehmer verwirren und Stakeholder enttäuschen.

Die zweite Frage dreht sich um den Problemtyp: Was für ein Problem willst du mit deinem Projekt lösen? Ist das Problem einfach, komplex oder kompliziert? Um eine erste Einschätzung zu treffen, hilft die Stacey-Matrix des britischen Management-Professors Ralph Douglas Stacey[19]. Die Stacey-Matrix setzt den Problemtyp in Beziehung mit der Klarheit über das Was? (Ziel, Anforderungen) und das Wie? (Lösungsweg) eines Vorhabens.

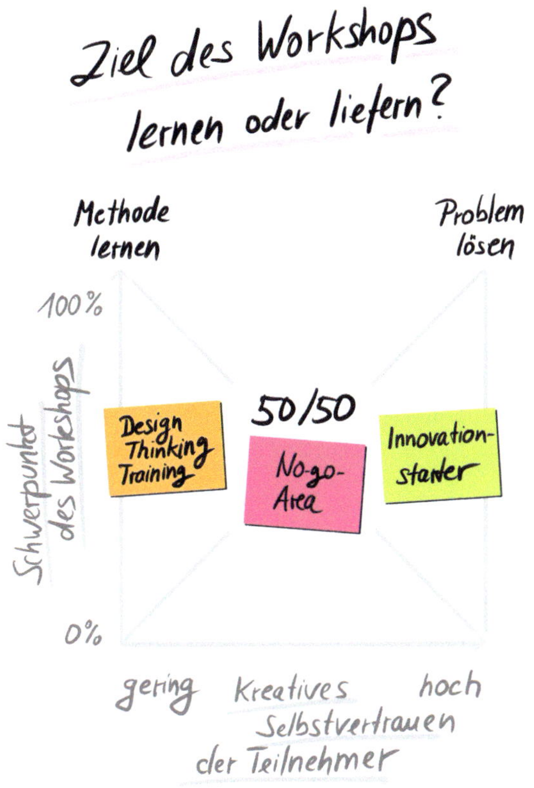

Methode lernen oder Problem lösen: Kläre mit dem Auftraggeber den Fokus deines Workshops. Meide die No-go-Area.

Bei einfachen Problemen kennen wir das Was? und Wie? vorab. Sie lassen sich aufgrund bewährter Praktiken lösen. Die Beziehung zwischen Ursache und Wirkung ist bekannt: Wenn ich einen Nagel einschlagen will, kann ich das mit einem Hammer tun, sofern ich gelernt habe, wie das geht. Für einfache Probleme brauchst du weder Design Thinking noch ein Projekt.

Komplizierte Probleme sind Probleme, bei denen entweder das Was? oder das Wie? unklar ist. Die jeweils andere Dimension lässt sich mit Expertenwissen analysieren und planen. So ist der Aufbau einer Fertigungsstraße für die Produktion von Autos ein Problem, für das es aufgrund einer über einhundertjährigen Tradition klare Zielvorstellungen gibt. Bei komplizierten Problemen kann Design Thinking helfen, die bereichsübergreifende Zusammenarbeit zu stärken und Expertenwissen zu integrieren.

Komplexe Probleme wiederum lassen sich nicht durch reine Analyse durchdringen und überblicken. Sie erfordern Experimente, um empirisch und iterativ sowohl

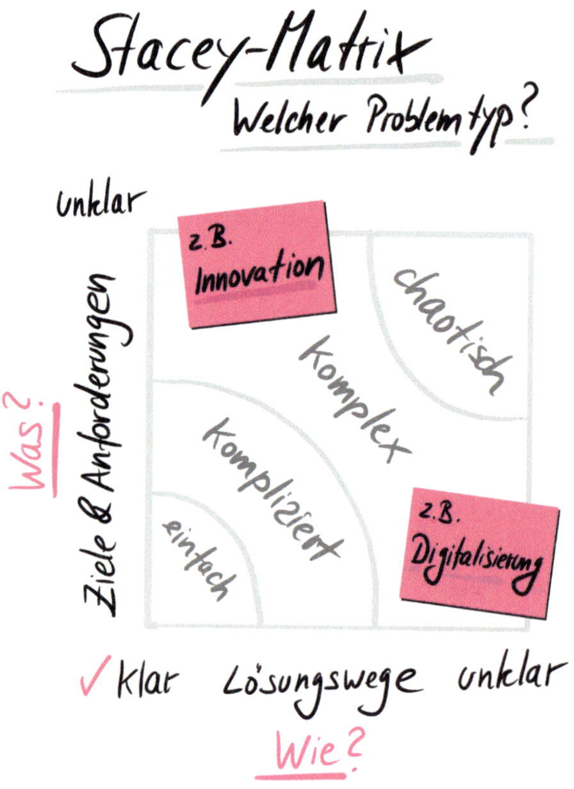

Die Stacey-Matrix hilft bei der Einordnung des Projektvorhabens und der Einschätzung, ob Design Thinking die geeignete Methode ist.

Problem als auch Lösung einzugrenzen. Viele Themen der Digitalisierung und des damit verbundenen Change der Organisation werfen komplexe Probleme auf. Die Digitalisierung verknüpft vormals getrennte Märkte und Organisationseinheiten. Digitale Technologien verändern die Art und Weise, in der wir zusammenarbeiten, gleichzeitig eröffnen sie neue Möglichkeiten für Wissensarbeiter. Wertmaßstäbe und Denkhaltungen verändern sich, und mit ihnen Verhalten und Kultur. Hier ist nicht nur der Weg zur Lösung unklar – auch das zu lösende Problem kann oft erst durch Experimente klar beschrieben werden. Ein rein planerischer Ansatz führt hier mit hohem Risiko zu Konzepten, die an der Realität vorbeigehen. Du musst in diesen Fällen also zunächst eine Lösung gestalten, um herauszufinden, ob sie funktioniert.

Design Thinking eignet sich hervorragend, um komplexe Probleme experimentell zu lösen. Daher gewinnt Design Thinking im Zuge der Digitalisierung neben anderen agilen, teambasierten Arbeitsmethoden wie Scrum und Lean Start-up rapide an Popularität.

Ein Design Thinking-Workshop wie der Innovationstarter hilft dir, schnell und mit geringem Aufwand erste Lösungsansätze zu entwickeln und zu testen. Durch frühzeitige Tests senkst du das Risiko, zu lange in die falsche Richtung zu laufen und dabei viel Zeit und Geld zu vernichten.

Purpose: Design Challenge

Hilf deinem Auftraggeber bei der Formulierung des Purpose deines Workshops: Die Design Challenge ist die nutzerzentrierte, lösungsoffene Beschreibung des Problemraums, der bearbeitet werden soll.

Design Challenge formulieren

Es gibt unterschiedliche Textformate für die Formulierung der Design Challenge. Ein beliebtes Textformat ist die Wie-können-wir-...-Frage (WKW-Frage, vergleiche Seite 144). Da wir dieses Format auch für die Definition des Blickwinkels verwenden wollen, verwenden wir stattdessen folgendes Textformat[20]:

Gestalte das <welches Thema?>-Erlebnis
für <welche Nutzergruppe?>
in einer Welt <welcher Kontext?>.

Das Verb »gestalte« kann durch ähnliche Begriffe wie »verbessere«, »entwirf« et cetera ersetzt werden.

Bei der Formulierung des Themas geht es darum, durch den Zusatz des Begriffs »Erlebnis/Experience« den Problemraum zu umreißen und den Blick weg von der Lösung zu deren subjektiver Wahrnehmung durch den Nutzer zu lenken (zum Beispiel das Badezimmer-Erlebnis statt das Badezimmer).

Mit der Entscheidung für eine Nutzergruppe legst du die Perspektive fest, aus der heraus du das Thema angehen willst. Design Thinking beruht darauf, dass du frühzeitig einen Fokus findest und dich entscheidest, das Thema aus Sicht der relevantesten Nutzergruppe anzugehen. Welche das ist, kann je nach Thema unterschiedlich sein. Gerade im Business-to-Business-Kontext gibt es zahlreiche Nutzergruppen mit ganz unterschiedlichen Interessen, zum Beispiel Vertriebspartner, Käufer oder Anwender. Deshalb macht es Sinn, die Design Challenge mit dem Auftraggeber und weiteren Stakeholdern frühzeitig abzustimmen. In der Design Challenge kann die Nutzergruppe zunächst eher allgemein formuliert werden, da sie im Workshop noch genauer beleuchtet und definiert wird. Der optionale Satzteil »in einer Welt ...« beschreibt den Kontext genauer und grenzt den Denkraum der Design Challenge damit weiter ein.

Die einzelnen Worte innerhalb der Satzstruktur können bei der Formulierung variiert werden.

Hier einige Beispiele aus der Praxis:

Welcher Problemraum?	**Für welche Nutzergruppe?**	**Welcher kontextuelle Rahmen?**
Gestalte das Badezimmer-Erlebnis	für Mieter	in einer digitalen, mobilen Welt.
Gestalte das Human-Resources-Erlebnis	für Mitarbeiter	in einer Welt, die immer agiler wird.
Gestalte das Blumenpflege-Erlebnis	für Balkongärtner	mit wenig Zeit.
Entwirf ein neues Klang-Erlebnis	für junge, aktive User	in einer Welt unbegrenzter Möglichkeiten.
Mach aktuelle Themen	für alle Mitarbeiter	am Standort erlebbar.
Gestalte das Erlebnis des ersten Arbeitstags	für neue Mitarbeiter	in einer komplexen, hektischen Arbeitswelt.
~~Gestalte eine Sales App~~	~~für unsere Kunden~~	~~unter Einsatz von Webtechnologie.~~

Weit oder eng formulieren?

Manchem mag die sprachliche Arbeit an der Design Challenge als unnötig erscheinen. Doch aus der Erfahrung von unzähligen Workshops kann ich versichern, dass eine unscharf formulierte Design Challenge den Erfolg deines Projekts gleich zu Beginn gefährden kann. Die präzise, lösungsoffene Formulierung der Design Challenge ist elementar, denn sie grenzt das Suchfeld ein, auf das du die Workshop-Teams lenkst. Dabei heißt lösungsoffen, dass die Lösung nicht bereits Teil der Formulierung ist. Hier ein Gegenbeispiel, wie du es nicht machen solltest: *Gestalte eine Sales App für unsere Kunden unter Einsatz von Webtechnologie*. In dieser Design Challenge sind Sales App und Webtechnologie bereits als Lösungen vorgegeben.

Das Suchfeld, in dem wir uns bewegen, kann durch die Design Challenge eng oder weit gesteckt werden. So ist es durchaus möglich, Design Thinking für die Entwicklung neuer Features eines bestehenden Produktes, Services oder Prozesses anzuwenden. Der Problemraum für das Suchfeld wird in diesen Fällen durch die bestehende Lösung eingegrenzt. Doch auch innerhalb eines bestehenden Lösungsraums können sich viele neue Problemfelder auftun. Willst du größer denken, dann setze den Rahmen weiter und allgemeiner.

Vorlage für Formulierung nutzen

Viele Auftraggeber tun sich schwer damit, die Design Challenge nutzerzentriert zu formulieren. Als Designfacilitator hilfst du ihnen bei der Formulierung, indem du bis zu drei Vorschläge entwirfst. Nutze unser Design Challenge-Template, um mit dem Auftraggeber-Team zu arbeiten. Diskutiere deine Entwürfe mit dem Auftraggeber, um zu klären, wie groß oder klein das Suchfeld aufgespannt werden soll.

Design Challenge-Template

Das Design Challenge-Template kannst du unter dem folgenden Link herunterladen:
bit.ly/jensottolange-designchallenge

Design Challenge entwerfen

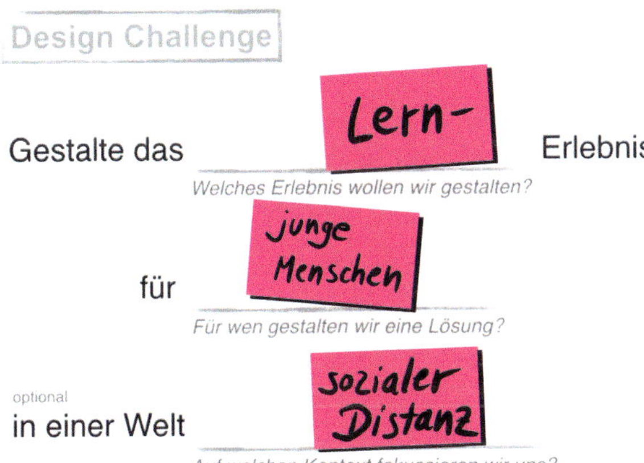

Nutze unser Template für die Formulierung der Design Challenge gemeinsam mit dem Auftraggeber.

People: Nutzer, Teilnehmer, Stakeholder

Mit einem Design Thinking-Workshop gestaltest du einen komplexen, interaktiven Konzeptfindungsprozess einer Gruppe von Menschen. Du schaffst Raum für co-kreative Zusammenarbeit. Die Auswahl passender Teilnehmer und die Zuordnung von Rollen im Workshops sind Entscheidungen, für die der Auftraggeber deine Beratung braucht. Selbst wenn noch unklar ist, wer genau an dem Workshop teilnehmen wird, brauchst du für die Raumplanung bereits einen groben Überblick über die Teilnehmerzahl. Darüber hinaus sollten die potenziellen Teilnehmer frühzeitig eingeladen werden, sodass sie den Termin blocken können.

Teilnehmer auswählen

In Design Thinking-Workshops arbeitest du am besten mit kleinen cross-funktionalen Teams von vier bis fünf Personen. Größere Teams sind aufgrund der höheren Komplexität von Kommunikation und Entscheidungsfindung langsamer und neigen dazu, in Unterteams zu zerfallen. Kleinere Teams sind schneller, doch wenn sie zu klein geraten, fehlt es ihnen an Perspektivenvielfalt. Die ideale Teilnehmerzahl für einen Workshop, den du allein moderierst, liegt bei acht bis fünfzehn Teilnehmern, mit denen du zwei bis drei Teams bilden kannst. Idealerweise hat jedes Team einen eigenen Teamcoach. In der Praxis kann ein geübter Designfacilitator bis zu drei Teams allein moderieren. Starte zunächst mit zwei Viererteams, um erste Erfahrungen zu sammeln.

Bei mehr als drei Teams werden mehrere Moderatoren benötigt, die die Teams im Auge behalten, auf die Zeit achten, Materialien bereitstellen und eingreifen, wenn das Team nicht vorankommt. Dafür kannst du geeignete Kollegen einbinden.

Die Teams sollten möglichst divers sein und Fachexperten aus unterschiedlichen Abteilungen zusammenführen, sodass Experten für die Perspektiven von Kundenbedürfnissen, Technologie, Business und Umwelt im Team vertreten sind.

Lade einen Mix aus Vertretern nutzernaher Bereiche (Design, Marketing, Vertrieb, Human Resources), Technikern (Informatiker, Ingenieure), Business-Verantwortlichen (Produktmanager, Manager) und Experten für Nachhaltigkeit (Corporate Social Responsibility, Umweltbeauftragte) zu dem Workshop ein. Beachte auch, dass du eine gute Mischung aus Alter, Geschlecht und Dauer der Unternehmenszugehörigkeit hinbekommst. Gerade junge Nachwuchskräfte wie Werkstudenten oder Azubis bringen häufig überraschende, neue Sichtweisen ein.

Jedes Projekt braucht ein Projektteam. Denke bereits bei der Einladung darüber nach, wer Teil des Projektteams werden könnte. Es sollten Menschen sein, die sich für das Thema begeistern und die Chance sehen, hier ein Problem lösen zu können, das sie schon lange beschäftigt. Lebe mit Unschärfen, denn zu diesem frühen Zeitpunkt wird sich noch niemand festlegen wollen, da du den Rahmen des Projekts ja gerade erst entwickelst.

Tipp: Mische Laien mit Experten

Nicht jeder Workshop-Teilnehmer muss von vornherein das Potenzial zum Projektteammitglied mitbringen. Auch tiefe fachliche Expertise ist keine Voraussetzung, um beim Workshop mitzumachen. Manchmal ist es gerade der unverfälschte Blick des Laien, der das Team voranbringt. Expertentum steht dem Design Thinking-Ansatz eher entgegen. Der Experte sieht in der Regel keine Notwendigkeit für einen lösungsoffenen Workshop, da er die Lösung bereits zu kennen glaubt.

Bilde die Teams direkt im Workshop. Vorgegebene Teamzuordnungen erzeugen Widerstand und hemmen die Entfaltung der Selbstorganisation. Überdies sparst du dir bei der Vorbereitung eine Menge Arbeit. So vermeidest du unnötigen Arbeitsaufwand. Gib den Teilnehmern die Möglichkeit, innerhalb vorgegebener Diversitätskriterien selbst zu wählen, in welchem Team sie mitarbeiten wollen. Bei der Vorgabe der Diversitätskriterien kannst du kreativ sein. Orientiere dich an den Hinweisen zum Setup ab Seite 106.

Nutzer einbeziehen

Immer wieder berichten Teilnehmer von Design Thinking-Workshops, dass sie die Nutzerforschung inspiriert und zu überraschenden Sichtweisen und neuen Ideen geführt hat. Die Einbeziehung von Nutzern ist ein wesentlicher Erfolgsfaktor für das Gelingen eines Design Thinking-Workshops, gleichzeitig aber eine logistische Herausforderung, die du frühzeitig thematisieren und vorbereiten solltest.

Geht es um Produkte und Services für den Consumer-Markt, kannst du die Teilnehmer während des Workshops spontane, kurze Straßeninterviews mit Passanten führen lassen. Dafür muss die Workshop-Location in einer belebten Gegend liegen.

Schwieriger wird es, wenn du eine sehr spezifische Nutzergruppe einbeziehen willst, wie zum Beispiel bestimmte Berufs- oder Einkommensgruppen. Solche Nutzer wirst du kaum per Zufall auf der Straße finden. Ein Beispiel sind Berufsgruppen wie Ärzte, IT-Experten oder

Feuerwehrleute. Du kannst versuchen, bestehende Kunden oder Anwender in den Workshop einzuladen und dafür spezifische Zeitslots zu reservieren. Du kannst sie an ihrem Arbeitsplatz besuchen oder sie per Telefon, Video-Call oder Messaging in den Workshop einbinden. Remote-Interviews reduzieren den Organisationsaufwand, dafür ist es schwieriger, die vielen Subtexte, Umgebungseindrücke und Zwischentöne aufzunehmen, die bei persönlichen Interviews und Beobachtungen eine tiefere Einfühlung in die Welt des Nutzers ermöglichen. Schließlich kannst du die Nutzerforschung auch aus dem Workshop auslagern und die Teilnehmer im Vorfeld instruieren, wie sie individuelle Termine mit Nutzern vereinbaren, Forschungsmethoden anwenden und die Ergebnisse für den Workshop dokumentieren. Diese Variante hat ihre Tücken: Den designierten Forschern mangelt es im Arbeitsalltag oft an Zeit, Initiative und Kenntnissen. Es besteht das Risiko, dass am Ende nur wenige Nutzer-Inputs in den Workshop einfließen und die Ergebnisse nicht verwertbar sind, sodass die Teams im Workshop weiterhin im eigenen Saft schwimmen.

Eine komfortable, dafür teure Variante ist die Buchung von Nutzern über spezialisierte Agenturen, die auf Grundlage eines Anforderungsprofils passende Personen für deinen Workshop finden und die terminliche Verfügbarkeit für dich abstimmen.

Weitere praktische Hinweise zur Vorbereitung und Durchführung von Interviews findest du ab Seite 127.

Tipp: Nicht allein auf Vertrieb verlassen

Die Einbeziehung von Händlern und Vertrieb kann Sinn machen, um mehr über Nutzerbedürfnisse zu erfahren. Beide Gruppen wissen aus der Praxis sehr viel über Nutzer. Andererseits können ihre Einschätzungen durch eigene Interessen verfälscht sein, denn in der Regel sind diese Gruppen nicht darauf eingestellt, sich in die Nutzerperspektive einzufühlen – sie denken eher aus der Perspektive von Produkten und sind an Umsatzzielen orientiert, sodass die Gefahr besteht, dass sie eher die Brille des Unternehmens als die der Nutzer tragen und deren tiefere Bedürfnisse übersehen. Daher kann diese Variante den direkten Austausch mit Nutzern zwar ergänzen, aber niemals ersetzen.

Im klassischen Workshop-Set-up ist der Nutzer auf die Rolle des Problemgebers und Testers beschränkt. Du kannst ihn aber auch den ganzen Workshop über mitarbeiten zu lassen – im Sinne eines Co-Creation-Ansatzes, bei dem Nutzer und Unternehmensvertreter in einem gemeinsamen Team an der Lösungsfindung arbeiten. Co-Creation eignet sich für sehr spezifische Aufgabenstellungen mit kleinem Nutzerkreis, etwa im Bereich Business-to-Business, oder für interne Herausforderungen, die sich an Mitarbeiter richten. Geht es um Lösungen für einen Massenmarkt, rate ich dir, den Nutzer nur punktuell einzubinden und nicht zum Teil des Projektteams zu machen, da eine gewisse Gefahr besteht, dass die Rollentrennung zwischen Nutzern als Problemgebern und Projektteam als Lösungsdesigner aufgeweicht wird und wenige Nutzer die Entscheidungen des Teams überproportional beeinflussen.

Stakeholder abholen

Überlege dir genau, welche Rollen du den Teilnehmern im Workshop zuweist. Wer ist Teammitglied, wer ist Nutzer und wer ist Stakeholder? Unter Stakeholdern verstehen wir interne Beeinflusser und Entscheider. Häufig sind es Führungskräfte, die als interne Auftraggeber den Rahmen für das Projekt stecken und ein Ergebnis sehen wollen. Ich empfehle, sie aus der Teamarbeit herauszuhalten. Unterschiedliche Hierarchiestufen in einem Team können die Selbstorganisation und den freien Ideenfluss hemmen, weil das Risiko besteht, dass alle in ihre gewohnten Rollen zurückfallen und von der Führungskraft richtunggebende Vorgaben und Entscheidungen erwarten. Führungskräfte sollten sich darauf beschränken, zu Beginn des Workshops Ziel und Erwartungen zu erläutern und zu dessen Ende die Präsentation der Ergebnisse zu beurteilen.

Neben Führungskräften kannst du weitere Interessierte zur Ergebnispräsentation einladen, um noch mehr Feedback zu erhalten, Unterstützer für die entwickelten Lösungsideen zu gewinnen und die co-kreative Arbeitsweise des Design Thinking in deiner Organisation bekannt zu machen.

Diskutiere mit dem Auftraggeber die möglichen Teilnehmer und ihre Rollen. Beginne, einen Verteiler anzulegen. Für den eigentlichen Versand der Einladung hast du noch ein wenig Zeit.

Place: Ort und Raum aussuchen

Die Auswahl eines geeigneten Workshop-Raums solltest du bereits bei der Auftragsklärung thematisieren. Die räumliche Umgebung ist ein wichtiger Faktor für den Erfolg eines Design Thinking-Workshops. Attraktive Räume sind oft schon lange im Voraus ausgebucht.

Raumgröße und Layout

Die benötigte Raumgröße hängt von der Zahl der Teilnehmer ab. Kalkuliere mit fünf Quadratmetern pro Teilnehmer. Bei acht Teilnehmern werden mindestens vierzig Quadratmeter, bei fünfzehn Teilnehmern fünfundsiebzig Quadratmeter Fläche benötigt. Ideal ist ein leerer Raum mit quadratischem, leicht rechteckigem, rundem oder L-förmigem Grundriss, der ausreichend Raum für Arbeit im Stehen, in Kreisaufstellungen und im Plenum bietet.

Tipp: Kriterien für Creative Spaces

Überlege dir, wo der Workshop örtlich stattfinden soll, und starte die Suche nach einem Raum, auf den die folgenden Kriterien passen:

- Fünf bis zehn Quadratmeter pro Teilnehmer,
- keine fest eingebauten Konferenztische,
- flexibles Mobiliar wie Sitzwürfel oder Stapelstühle,
- ein Raum für alle, keine Verteilung auf verschiedene Räume,
- einfacher Zugang zu Catering,
- einfacher Zugang zu Nutzern auf der Straße,
- Wandflächen, Pinnwände oder Whiteboards für jedes Team für den Aushang von Ergebnissen.

Der Raum sollte nur das Mobiliar enthalten, das tatsächlich gebraucht wird. Vollgestellte Räume schränken nutzbare Wandfläche und Bewegungsfreiheit ein. Ebenso ungeeignet sind mehrere Räume, in denen die Teams parallel arbeiten. In separaten Räumen sind die Teams zwar ungestört, doch für dich als Designfacilitator wird es sehr schwer, die Teams zu synchronisieren und anzuleiten – besonders einschränkend ist dieses Set-up, wenn die Räume nicht unmittelbar nebeneinander liegen und lange Wege zurückzulegen sind, um zwischen ihnen zu wechseln.

Design Thinking-Teams bleiben in Bewegung – der räumliche Aufbau sollte Positionswechsel und bewegtes Arbeiten im Stehen begünstigen. Für jedes Team – und auch für dich als Designfacilitator – sollten eine Pinnwand, beidseitig mit Papier bespannt, und ein Flipchart mit ausreichend Papier als Grundausstattung bereitstehen. Eine Alternative sind rollbare Whiteboards oder leere Wandflächen, auf die du mit Kreppklebeband Flipchart-Bögen anbringen kannst.

Jedes Team sollte einen Ablage- oder Stehtisch zur Verfügung haben. Die Tische können am Rand der Teamstationen positioniert werden, sodass sie nutzbar sind, ohne sofort zum Hinsetzen einzuladen. Fest eingebaute Konferenztische sind ein No-Go. Sie schränken die Bewegungsfreiheit der Teams ein, verleiten allein durch ihre Präsenz zu passivem Arbeiten am Tisch und verhindern, dass der Raum variabel konfiguriert und bespielt werden kann. Als Sitzgelegenheiten eignen sich leichte Stapelstühle oder Sitzwürfel. Du solltest nicht mehr als einen Stuhl pro Teilnehmer im Raum bereithalten. Jedes überzählige Möbel schränkt die Bewegungsfreiheit ein. Zu Beginn des Workshops können die Stühle zunächst gestapelt bereitgestellt werden, um die Arbeit im Stehen zu fördern. Die Teilnehmer werden sich zu gegebener Zeit selbst organisieren und die Stühle so bereitstellen, wie sie es für ihre Arbeit brauchen.

Technische Ausstattung

Ein Videobeamer sollte verfügbar sein, alternativ ein großer Monitor. Aktueller Standard für die Steckverbindung mit Abspiel- und Präsentationsgeräten ist HDMI, aber auch die alten Analogstecker für serielle Verbindungen sind noch stark verbreitet. Als Designfacilitator solltest du dich mit entsprechenden Adaptern ausrüsten, um für jede Situation gewappnet zu sein. Elegant ist eine drahtlose Verbindung per Apple TV oder Clickshare. Bild und Ton lassen sich damit sehr einfach vom Smartphone oder Tablet streamen – gerade für Video-Prototypen schafft die drahtlose Übertragung mehr Flexibilität bei der Präsentation. Außerdem können Smartphones und Tablets in diesem Set-up auch als Kamera genutzt werden – zum Beispiel, um sehr klein geratene Prototypen auf einen großen Bildschirm zu streamen, sodass alle Teilnehmer den Prototyp sehen können.

Klima, Licht, Akustik

Der Einfluss von Faktoren wie Klima, Licht und Akustik macht sich leider oft erst während der Workshop-Arbeit bemerkbar. Achte bei der Auswahl darauf, dass der Raum hell ist und natürliche Belüftung zulässt. Direkte Zugänge ins Freie sind praktisch, um bei schönem Wetter einzelne Workshop-Sessions an die frische Luft zu verlegen. Klimatisierte Räume sind schwerer zu regeln, die Luftqualität lässt die Teilnehmer früh ermüden, und die Bedienung der heute üblichen Regelungsdisplays für Licht und Klima ist oft so kompliziert, dass eine Adaption der Licht- und Klimabedingungen im Zeitstress des Workshops nicht gelingt. Auch die Akustik spielt eine große Rolle für das Wohlfühlklima einer Workshop-Gruppe. Zu starker Hall und laute Nebengeräusche aus Umfeld oder Haustechnik schränken die Konzentrationsfähigkeit ein.

Geeignete Räume finden

Unkompliziert, wenn auch oft ein wenig kühl und anonym, sind Veranstaltungsräume in Hotels, die einfach buchbar sind und mit umfassendem Service angeboten werden. Eine Vielzahl von weiteren Raumangeboten findest du auf der Website »spacebase.com«. Räume in öffentlichen Einrichtungen (zum Beispiel Stadtteilkulturzentren, Gemeinderäume) können einen reizvolle, preiswerte Alternative sein, wenn man mit einem einfacheren Service zufrieden ist und fehlende Ausstattungsgegenstände wie Pinnwände oder Flipcharts separat beschaffen kann.

Tipp: Creative Spaces finden

Auf der Website »spacebase.com« findest du Workshop-Räume in jeder Größe und Ausstattung: www.spacebase.com

Überlege, ob sich die geografische Lage der Location mit deiner Idee für das Set-up verträgt. Sollen Straßeninterviews mit zufällig ausgewählten, potenziellen Nutzern durchgeführt werden? Dann sollte der Raum in einer belebten Gegend liegen, sodass die Teilnehmer die Chance haben, in kurzer Zeit möglichst viele Gespräche zu führen. Eine gute Verkehrsanbindung hilft dir, potenzielle Nutzer und Experten zu gewinnen, die zu Interviews persönlich in die Workshop-Räume kommen. Und eine schnelle, stabile Internetverbindung ermöglicht Online-Recherche und Interviews per Video-Call, sodass auch weit entfernte Standorte in den Workshop eingebunden werden können – vorausgesetzt, die Zeitzonen lassen sich mit dem Workshop-Ablauf synchronisieren.

Der ideale Workshopraum sollte eher zu groß als zu klein sein, viel Raum für Bewegung und reichlich Platz für Aushänge auf Wänden, Pinnwänden, Whiteboards und Flipcharts bieten. Ungeeignet sind Konferenzräume mit fest eingebauten Tischen.

Bietet der Raum ausreichend Fläche zum Aushang von Ergebnissen? Ist es zulässig und möglich, Wandflächen und Fensterscheiben dafür zu nutzen? Kläre, ob Pinnwände, Flipcharts und Workshop-Materialien in ausreichender Anzahl vom Raumgeber bereitgestellt werden. Ansonsten beschaffe jetzt, was gebraucht wird – Amazon ist eine gute Quelle dafür. Einen Überblick über die notwendigen Materialien findest du auf Seite 100.

Stelle eine erste Top 3 an Räumen zusammen, sodass du schnell handeln kannst, sobald du alle nötigen Infos und Freigaben bekommen hast.

Process: Termine und Dauer festlegen

Du kannst dir noch Zeit lassen mit der Feinplanung des Workshops. Was du allerdings bereits frühzeitig festlegen solltest, sind Länge, Termine und die zeitliche Staffelung deines Workshops. In der Praxis investieren Organisationen ein bis drei Tage in einen Design Thinking-Workshop, da viele potenzielle Teilnehmer nicht bereit und in der Lage sind, mehr Zeit zu investieren. Ein Tag ist zu kurz für einen Workshop, bei dem gleichzeitig externe Nutzer befragt und ein Projekt definiert werden sollen. Zwei Tage sind das Minimum für Workshops, bei denen die Teilnehmer die Nutzerbedürfnisse Externer erforschen. Sie müssen dafür den Workshop-Ort verlassen oder Nutzer zu abgestimmten Terminen in den Workshop einladen. Schließt sich noch eine grobe Projektplanung an, werden daraus schnell drei Tage.

Am einfachsten ist es, wenn du dich an meinem vielfach erprobten dreitägigen Workshop-Format Innovationstarter orientierst. Am ersten Tag des Innovationstarter präzisieren die Teilnehmer das Problem, am zweiten Tag entwickeln sie die Lösung und am dritten Tag, der bereits außerhalb des Design Thinking-Prozesses liegt, definieren sie das Projekt. Wie dieser Workshop im Detail aufgebaut ist, kannst du ab Seite 105 nachlesen.

Finde einen knackigen Namen für deinen Workshop. Er sollte sich gut kommunizieren lassen und die Neugierde der Teilnehmer wecken. Bespreche mit deinem Auftraggeber auch den Versandtermin für Terminblocker und Einladung per E-Mail sowie den Einsatz von Social Media, Foto und Video in deinem Workshop. Vereinbare passende Hashtags[21] und lege fest, wer die Aufgabe der medialen Begleitung übernimmt.

Pace: Ablauf rhythmisch gliedern

Damit die Teilnehmer die Kraft und den Nutzen von Design Thinking erleben und begreifen, ist es unbedingt notwendig, dass sie alle Phasen des Design Thinking-Prozesses durchlaufen. Dabei sollte es keine großen Unterbrechungen geben. Ähnlich wie eine Musikband braucht jede kreative Zusammenarbeit eine Aufwärmphase des Einschwingens in einen gemeinsamen Arbeitstakt, bei der sich das Team kennenlernt und Vertrauen in die jeweiligen Stärken gewinnt, bevor es seine kreativen Kräfte voll entfalten kann. Ich empfehle dir daher, die drei Workshop-Tage des Innovationstarters direkt hintereinanderzuschalten. Das Team behält die unstrukturierten, wenig dokumentierten Informationen besser in Erinnerung, baut einen stärkeren Teamspirit auf und erzeugt mehr Schwung und Momentum im Prozess der kreativen Zusammenarbeit. Auch als Designfacilitator erlebst du die Teilnehmer viel intensiver, sodass du schneller eingreifen kannst, wenn Müdigkeit aufkommt oder wenn einzelne Sessions in deiner Workshop-Gruppe mehr oder weniger Zeit benötigen. Kurzum: Arbeitstempo und Gangart deines Workshops – den Pace – kannst du in einem kompakten Drei-Tages-Format viel einfacher steuern.

Wenn es gar nicht anders geht, kannst du die Workshop-Tage auch über einen längeren Zeitraum verteilen. Allerdings sollte der Zeitraum zwischen den einzelnen Tagen zwei Wochen nicht übersteigen, da sonst die Erinnerung an die Vorarbeit verloren geht. In jedem Fall brauchst du zusätzliche Anlaufzeit, um die Teilnehmer erneut in den agil-kreativen Arbeitsmodus zu versetzen.

Beachte bei der Verteilung der Arbeitssessions, dass du den Tag nicht gleich mit einem langen Input beginnst, der die Teilnehmer in die Rolle passiver Zuhörer versetzt.

Starte lieber möglichst zeitig in die Teamarbeit, denn morgens sind die meisten Teilnehmer konzentrierter und aufnahmebereiter als am Nachmittag. Lege die Sessions für Ideenfindung niemals direkt auf die Zeit nach der Mittagspause, da die Teilnehmer dann in der Regel träge und müde sind. Lege Pausen zeitlich so, dass sie unterschiedliche Arbeitstempi der Teams ausgleichen können. Folge deiner Intuition, wenn die Teilnehmer unkonzentriert oder erschöpft wirken. Mache dann einfach spontan eine Pause oder mische die Gruppe mit einem Warm-up auf.

Project: Rahmenbedingungen definieren

In vielen Unternehmen gibt es eine formale Projektorganisation. Was häufig fehlt, sind ein Verfahren und eine Organisation, um die Arbeitsphase vor dem Start des eigentlichen Projekts zu gestalten. Genau hier setzt der Innovationstarter-Workshop an. Er hilft, in der Vorprojektphase Vision, Ergebnisziel und Umfang des Projekts zu definieren.

Diskutiere mit dem Auftraggeber frühzeitig, wie es nach dem Workshop mit dem Projekt weitergehen soll. Welches Budget steht zur Verfügung? Gibt es schon eine Erwartung, wann ein Ergebnis vorliegen soll? Geht es um schrittweise Verbesserungen im Rahmen des Bestehenden oder um einen Blick weit nach vorn und weg vom bestehenden Problem- und Lösungsraum. Design Thinking kann beides. Schrittweise Verbesserungen lassen sich schneller umsetzen, bahnbrechende Innovationen brauchen einen langen Atem, denn sie verlängern den Findungsprozess und damit die Projektlaufzeit.

Sprich auch über die möglichen Mitglieder des Projektteams und lade diese neben anderen Teilnehmern unbedingt in den Workshop ein. Ein grober Rahmen reicht zunächst – die Details des Projekts definierst du am dritten Tag des Innovationstarters. Spätestens dann sollten alle Entscheider und potenziellen Teammitglieder im Raum sein.

Checkliste Workshop-Design

Nutze die Checkliste Workshop-Grobplanung als Leitfaden für dein Auftragsklärungsgespräch. Mit der Checkliste skizzierst du mit dem Auftraggeber frühzeitig die kontextuelle Ausgestaltung der sechs Erfolgsfaktoren Purpose, Process, People, Place, Pace und Project für co-kreative Zusammenarbeit. Visualisiere die Ergebnisse der einzelnen Punkte auf einem Flipchart mit Haftnotizen, sodass der Auftraggeber die Ergebnisse des Gesprächs verfolgen kann. Darüber hinaus vermittelst du dem Auftraggeber über die Visualisierung des Gesprächsverlaufs bereits einen Hauch der visuellen Design Thinking-Workshop-Kultur.

In der Infobox auf der nächsten Seite findest du einen Vorschlag für die thematische und zeitliche Gliederung eines eineinhalbstündigen Auftragsklärungsgesprächs.

Aufklärungsgespräch | Grobplanung von Design Thinking-Workshops | 90 Minuten Session-Dauer

Purpose 20 Minuten

1. Geht es beim Workshop um das Lernen einer Methode oder um das Liefern einer Lösung?
2. Welche Art von Problem soll mit dem Workshop gelöst werden (Einordnung Stacey-Matrix)?
3. Wie soll die Design Challenge formuliert werden? (Drei Optionen mit der Gestaltungsvorlage als Ausdruck vorbereiten.)
4. Wie soll der Workshop bezeichnet werden?

People 20 Minuten

1. Wer ist interner beziehungsweise externer Auftraggeber?
2. Wie viele und welche Teilnehmer sollen eingeladen werden?
3. Wer davon könnte Teil des späteren Projektteams werden?
4. Wie sollen die Teams gebildet werden? (Ideal: vier bis fünf Teilnehmer pro Teams.)
5. Wer moderiert (außer dir selbst)?
6. Wie sollen die Nutzer eingebunden werden?
7. Gibt es weitere Stakeholder? Wie sollen sie eingebunden werden?
8. Wem und wie soll das Ergebnis präsentiert werden?

Place 10 Minuten

1. Wo soll der Workshop stattfinden (fünf qm pro Teilnehmer)?
2. Wie kommen die Teilnehmer mit Nutzern in Kontakt?
3. Wie sollen die Materialien beschafft werden?
4. Wie kann ausreichend Raum zum Aushang von Ergebnissen bereitgestellt werden?
5. Wie soll das Catering organisiert werden?

Process und Pace 15 Minuten

1. Welche Termine sind geplant?
2. Wie sollen die Phasen zeitlich aufgeteilt werden?
3. Welche Elemente sollen unbedingt Teil des Workshops sein?
4. Wie soll der Workshop kommuniziert werden (Titel, Einladung, Social Media et cetera)?

Project 15 Minuten

1. Wie soll das Projekt nach dem Workshop gestartet werden?
2. Wer ist für das Projektteam vorgesehen?
3. Welches Budget steht für das Projekt bereit?
4. Bis wann soll das Projekt fertiggestellt werden?
5. Welche Entscheider müssen in die Projektdefinition eingebunden werden?
6. Welche weiteren Rahmenbedingungen sind für das Projekt zu beachten?

Vorbereitung

- Download und Ausdruck der Checkliste für die Grobplanung des Innovationstarter-Workshops unter bit.ly/jensottolange-checkliste-workshopdesign.
- Drei Optionen für die Formulierung der Design Challenge mit Haftnotizen auf Template vorbereiten.
- Flipchart-Bogen mit den Überschriften der Checkliste anlegen.

4.3 Workshop konzipieren

Das Workshop-Design kannst du iterativ angehen. Eine erste Planungsrunde liegt nach der Durchsprache der sechs Erfolgsfaktoren für co-kreative Zusammenarbeit bereits hinter dir. In den folgenden Kapiteln zeige ich dir, wie du dich von grob bis fein an Design und Durchführung deines Workshops heranarbeitest.

Terminblocker versenden

Hast du den Auftragsrahmen geklärt, kannst du jetzt beginnen, die Teilnehmer einzuladen. Lege die Termine final fest und buche spätestens jetzt den Workshop-Raum. Wenn möglich, mache vorher eine Begehung und stelle einen ersten Kontakt zum Ansprechpartner vor Ort her.

Versende direkt nach Festlegung der Termine eine Terminblocker-Einladung an alle potenziellen Teilnehmer. Sie sollte den Namen des Workshops, die Design Challenge, Datum, Uhrzeiten für Start und Ende sowie den Veranstaltungsort enthalten, sodass die Teilnehmer Termin und Anreise planen können. Idealerweise versendest du den Terminblocker zwei Monate vor dem Workshop-Termin.

Jetzt ist auch der Zeitpunkt gekommen, wo du beginnst, dich mit den Denkwerkzeugen zu beschäftigen, die du im Workshop einsetzen willst. Eine praxisbewährte Abfolge von Denkwerkzeugen, den Tools, mit denen du die Teams durch den dreitägigen Innovationstarter-Workshop führst, findest du ab Seite 105. Du kannst sie um weitere Tools ergänzen, mit denen du dich bereits auskennst. Je mehr Erfahrung du sammelst, desto mehr wirst du dich von meinen Vorschlägen lösen und deine eigene, an deinen Arbeitskontext angepasste Tool-Kette entwickeln.

Tool-Kette entwickeln

Nachdem die Teilnehmer eingeladen und der Workshop-Raum gebucht ist, kannst du dich auf das konzeptionelle Design des Workshops konzentrieren. Überlege dir, welche Ergebnisse die Teams in den einzelnen Arbeitsphasen erzeugen sollen.

Sessions zeitlich staffeln

Entwirf das Gerüst deines Workshops zunächst analog. Nutze Haftnotizen für einen ersten Entwurf des Ablaufs. Zusätzlich kannst du für deinen Erstentwurf auch ein Textdokument anlegen, in das du deine ersten Ideen einfach als Liste herunterschreibst.

Gliedere den Ablauf in die sechs Hauptphasen des Design Thinking-Prozesses an den ersten beiden Tagen sowie den Kick-off am dritten Tag. Überlege dir, welche Tools du in den einzelnen Sessions einsetzen willst. Jede Session repräsentiert eine in sich abgeschlossene Arbeitsphase des Teams.

Überlege dir auch, wie die Arbeitsergebnisse einer Session in den darauffolgenden Sessions genutzt werden sollen, sodass du für die Teilnehmer den Eindruck eines bruchlosen Flusses aufeinander aufbauender Arbeitseinheiten erzeugst.

Orientiere dich an der Tool-Kette des Workshops Innnovationstarter, die ab Seite 105 beschrieben wird.

Session-Längen kurz halten

Im Design Thinking wollen wir in Bewegung bleiben, sodass unser Denken durch neue Eindrücke inspiriert wird, neue Richtungen einschlagen. Daher setzt Design Thinking auf einen handlungsorientierten, aktiven Arbeitsstil. Um ausreichend Energie und Momentum zu erzeugen, Teams in Arbeit zu halten und den Prozess in der gegebenen Zeit zu durchlaufen, setzt du mit Timeboxing enge zeitliche Vorgaben für die einzelnen Arbeitsphasen der Teams. Im Workshop Innovationstarter gibst du in den meisten Fällen eine der drei folgenden Zeitboxen als Zeitziel vor:

- drei bis fünf Minuten für kurze Sessions,
- zehn bis fünfzehn Minuten für mittlere Sessions,
- zwanzig bis dreißig Minuten für lange Sessions.

Der Zeitbedarf für die gesamte Session liegt wesentlich höher, weil du auch Pausen, Anleitungen, Umbauten, Sharing-Sessions und Pitches einplanen musst, sodass du von einem Gesamtzeitbedarf von zehn bis sechzig Minuten pro Session ausgehen kannst.

Versieh deine Tool-Kette mit groben Zeitschätzungen. Schätze konservativ! Zeit lässt sich nicht aufholen. Wird dein Workshop nicht pünktlich fertig, riskierst du einen unsauberen Schluss – etwa, weil viele Teilnehmer beginnen, den Workshop aufgrund von Anschlussterminen und bereits gebuchter Reiseverbindungen zu verlassen. Wenige Sessions, die du mit Luft planst, sind besser als viele, die Zeitnot erzeugen.

Plane nach Möglichkeit einen zeitlichen Puffer von rund fünfzehn Minuten ein. Orientiere dich für die zeitliche Planung an den Zeitangaben, die für die einzelnen Tools des Innovationstarter-Workshops angeführt sind.

Achte darauf, dass deine Teilnehmer Zeit haben, alle Phasen des Design Thinking-Prozesses zu durchlaufen. Berücksichtige auch Teamgrößen und Vorerfahrungen. Größere Teams brauchen in der Regel mehr Zeit für Austausch und Entscheidungsfindung als kleine Teams. Teams, die in traditionellen Organisations- und Berufskulturen arbeiten und mit kreativer Teamarbeit unerfahren sind, benötigen mehr Zeit als mit kreativer Arbeit erfahrene Teams, weil sie sich zunächst an die ungewohnte Arbeitsweise gewöhnen müssen. Und schließlich brauchst du in Workshops mit drei und mehr Teams mehr Zeit als in Workshops mit zwei Teams, weil sie in den Präsentationssessions nacheinander präsentieren.

Pausen und Warm-ups

Füge ausreichend Pausen von zehn bis fünfzehn Minuten Länge ein, um mentaler Erschöpfung vorzubeugen. Rechne damit, dass der Gesamtzeitbedarf pro Pause mindestens fünf Minuten höher als angekündigt liegt, weil die Gruppe Zeit braucht, sich wieder in Bewegung zu setzen. Plane eine Pause am Vormittag ein, sodass die

Teilnehmer nach maximal neunzig Minuten gemeinsamer Arbeit neue Kraft schöpfen können. Erhöhe die Frequenz am Nachmittag auf zwei bis drei Pausen, um der zunehmenden Erschöpfung entgegenzuwirken.

Gibt es Anzeichen von Müdigkeit? Mit bewegungsorientierten Warm-ups bringst du neue Energie in den Raum. Anregungen findest du im Buch »66+1 Warm-ups, die dich als Trainer unvergesslich machen« von Pauline Tonhauser.

Microtiming durchrechnen

Steht die Grundstruktur, geht es in die zeitliche Feinplanung – das Microtiming deines Workshops. Dafür planst du jede Session deines Workshops auf die Minute genau. Das Microtiming hilft dir, den Ablauf des Workshops im Blick zu behalten und bei Bedarf kurzzeitig umzusteuern.

Die Entwicklung des Microtiming ist ein kreativer Prozess, bei dem du die durch Purpose, Process, People, Place, Pace und Project gesetzten Rahmenbedingungen ausbalancierst. Plane mindestens drei Iterationen für dein Microtiming ein. Eine Iteration ist eine intensive Entwurfsphase. Zwischen jeder Iteration solltest du dir eine Nacht Schlaf gönnen, sodass du Abstand gewinnst und neue Ideen für deine Planung entwickeln kannst.

In der ersten Iteration hast du deinen Workshop mit Haftnotizen und einem unstrukturierten Textdokument bereits grob entworfen. Für die zweite Iteration webst du Gedanken und Ideen in die erste Fassung ein, die dir im Verlauf deiner Erholungspause gekommen sind. Übertrage spätestens jetzt den Stand auf ein tabellarisches Zeitgerüst, um zu prüfen, ob deine Ideen und Schätzungen in den verfügbaren Zeitrahmen passen. Um zeitliche Varianten schnell durchzurechnen, kannst du deine Planung jetzt digitalisieren.

Nutze Online-Tabellen auf Basis von Microsoft Excel 365 oder Google Spreadsheet, wenn du mit anderen zusammenarbeitest oder dein Auftraggeber Einblick in die genaue Planung haben will – so stellst du sicher, dass alle

Beteiligten zu jeder Zeit auf die aktuelle Version zugreifen und diese gegebenenfalls auch aktualisieren können.

Nutze das Microtiming des Innovationstarter-Workshops als Ausgangspunkt. Jeder Workshop-Tag ist in ein Kapitel gefasst, an dessen Ende du das Mircotiming des jeweiligen Tages als Tabelle findest. Alternativ kannst du das Microtiming als digitale Version unter dem Link bit.ly/jensottolange-innovationstarter-microtiming herunterladen. Die digitale Version berechnet automatisch die Gesamtzeit, sodass du schnell überprüfen kannst, wie sich die Länge einer Session auf die Gesamtlänge des Workshops auswirkt. Ergänze weitere Spalten nach Bedarf.

Beispielformat für dreitägigen Workshop Innovationstarter
Eine Excel-Datei mit einer Kurzbeschreibung der Tool-Kette aus diesem Buch und dem empfohlenen Microtiming kannst du unter dem folgenden Link herunterladen:
bit.ly/jensottolange-innovationstarter-microtiming

Hast du für deinen Workshop weniger Zeit als die drei Tage, die für den Workshop in diesem Buch vorgesehen sind? Dann streiche Sessions und reduziere dein Workshop-Konzept auf wenige sinnvolle Arbeitseinheiten für Problemfindung und Lösungsdesign. Vermeide es, zu viel in kurzer Zeit schaffen zu wollen und die vorgeschlagene Session-Dauer weiter zu kürzen. In der Realität dauern die Sessions eher länger als geplant. Die Längen beruhen auf langjähriger Praxiserfahrung. Wir Menschen brauchen als Gruppe einfach eine gewisse Mindestzeit, um gemeinsam zu denken und zu handeln.

Spätestens zwei Tage vor dem Workshop solltest du das Microtiming mindestens drei Mal überarbeitet haben – weitere Iterationen machen dein Workshop-Design in der Regel nicht besser, da du weitere Details vorab kaum planen kannst –; im eigentlichen Workshop wird es immer Situationen geben, die ganz anders laufen als erwartet, sodass du immer ein wenig improvisieren musst.

Anleitungen und Beispiele gestalten

Die Teilnehmer deines Workshops sind in der Regel unerfahren mit kreativer Teamarbeit. Sie brauchen Tool-Demos – klare, einfach verständliche Arbeitsanleitungen und Arbeitsmittel. Gleichzeitig willst du die Aufmerksamkeit und das Aktivitätsniveau hoch halten. Deshalb sollten deine Tool-Demos kurz, abwechslungsreich und interaktiv sein.

Tool-Demos entwerfen

Willst du einen Vortrag halten? Hast du vor, eigens auf deinen Workshop angepasste Tools zu entwerfen? Willst du Neues ausprobieren? Überlege dir, wie du die einzelnen Workshop-Sessions anleiten willst und welche Tools du dafür brauchst. Deine Tool-Demos wirken souveräner und verständlicher, wenn du sie vorab gestaltest.

Versuche, den Zweck der Session und die notwendigen Arbeitsschritte in maximal drei Minuten anzuleiten. Probe den Ablauf und stoppe die Zeit. Erkläre zunächst das Ziel der nächsten Session. Vermittle das Warum? Zeige dann, wie das Tool funktioniert. Nutze ein Beispiel für deine Erklärung. Wenn du ausreichend Zeit hast, plane eine Übung als Warm-up ein, bei der die Teilnehmer das Tool zunächst spielerisch für eine fiktive Aufgabe ausprobieren, bevor sie ernsthaft damit arbeiten. Liste die aufeinanderfolgenden Arbeitsschritte mit Zeitempfehlungen für jeden Schritt auf einer Folie oder einem Flipchart auf, sodass alle Teams leicht überblicken können, was sie tun sollen. Orientiere dich dafür an den Grafiken in diesem Buch.

Medien variieren

Sprich möglichst viele Sinne an, um die Aufmerksamkeit hoch zu halten. Kombiniere dafür verschiedene Medien. Passe deine Medienauswahl an die Zahl der Teilnehmer und die räumlichen Möglichkeiten an. Hast du mehr als fünfzehn Teilnehmer? Dann ist eine Bildschirmpräsentation fast unumgänglich. Bei kleineren Gruppen kannst du auch mit Plakaten, Whiteboards, Pinnwänden und Flipcharts arbeiten. Du kannst Zeichnungen vorbereiten oder das Ad-hoc-Zeichnen üben. Praktisch sind große Haftnotizen oder Karten, die du vorab beschriftest und in der

Abfolge deiner Erklärung häppchenweise aufhängst. Mit ausgedruckten Gestaltungsvorlagen (Tem-plates) hilfst du den Teams, sich selbst anzuleiten. Du kannst auch Rollenspiele, Social Media, Collaboration und Messaging Tools in deinen Workshop einbinden. Mit kurzen Videos von bis zwei Minuten Länge oder digitalen, interaktiven Kanälen und Dokumenten sorgst du für Abwechslung.

Erstelle erste Entwürfe für deine Tool-Demos in einem Skizzenbuch und überlege dir, wo du die einzelnen Artefakte im Raum aufhängen willst.

Arbeitshilfen produzieren

Bereite Ausdrucke digitaler Gestaltungsvorlagen als Arbeitshilfen vor. Sie helfen Teammitgliedern, eine gemeinsame visuelle Sprache zu finden. Im Internet findest du zahlreiche Templates als kostenlose Downloads. Mit Powerpoint oder Keynote kannst du auch eigene Vorlagen entwerfen. Oder du nutzt die Vorlagen in diesem Buch, die du unter dem Link in der Infobox für viele der vorgestellten Tools herunterladen kannst.

Tipp: Workshop-Tool-Vorlagen

Unter dem folgenden Link findest du eine Liste aller Tool-Vorlagen (Templates), auf die in diesem Buch Bezug genommen wird. Du kannst sie für deinen Workshop ausdrucken. Nach dem Workshop kannst du den Link an Teilnehmer senden, sodass sie sie in ihrer täglichen Arbeit nutzen können: bit.ly/jensottolange-workshop-tools

Teilnehmer aktivieren

Zwei Wochen vor dem Workshop ist der Zeitpunkt gekommen, um über eine weitere E-Mail die logistischen Details des Workshops zu kommunizieren.

Füge einige Vorbereitungsaufgaben zur Aktivierung ein, um die Teilnehmer auf den Workshop einzustimmen. Sofern die Nutzerforschung dem Workshop vorgelagert und eigenverantwortlich durch die Teilnehmer durchgeführt werden soll, musst du die Teilnehmer in der Einladung anleiten, wie sie am besten vorgehen. Beispielsweise kannst du jeden Teilnehmer auffordern, auf Grundlage von Beispielfragen, die du vorschlägst, zwei Interviews mit potenziellen Nutzern zu führen und die Ergebnisse in den Workshop mitzubringen. Der Aufwand für die Vorbereitung und Durchführung sollte für die Teilnehmer überschaubar bleiben und nicht mehr als dreißig Minuten erfordern, sodass im hektischen Arbeitsalltag eine echte Chance besteht, die Vorbereitungsaufgabe tatsächlich zu bearbeiten.

Weise in der Einladung auch darauf hin, dass Teilnehmer den gesamten Workshop über verfügbar sein müssen und eine zeitweise Teilnahme nicht möglich ist.

Versetze dich für die Formulierung der Nachricht in die Perspektive eines Teilnehmers. Was willst du wissen? Hier eine mögliche Gliederung:

- Betreff: Titel, Termine
- Basisinfo: Titel, Termine, Zeiten, Ort, Teilnehmer
- Purpose: Warum dieser Workshop? Wie lautet die Design Challenge?
- Agenda (einfache Überschriften, Start- und Endzeiten, Mittagspause mit Timing)
- Aufgaben zur Vorbereitung
- Volle Anwesenheit erforderlich
- Kontakt bei Rückfragen
- Absender Projektsponsor

Links zum Download einer Bespieleinladung und zu Anleitungsvideos für das Durchführen von Interviews findest du in der Infobox auf dieser Seite.

Teilnehmer einladen

Einen Beispieltext für eine Einladung findest du unter dem folgenden Link: bit.ly/jensottolange-workshop-einladung

Video zur Einstimmung in das Thema Design Thinking: bit.ly/jensottolange-designthinking-intro

Beispielvideo für Interviews zur Problemfindung: bit.ly/jensottolange-problem-interview

Beispielvideo Test-Interview mit Lösungsprototyp: bit.ly/jensottolange-solution-interview

Workshop finalisieren

Nachdem du den Ablauf zeitlich durchgeplant, die Tool-Demos konzipiert und die Teilnehmer informiert hast, startest du jetzt in die Finalisierung des Workshops.

Tools produzieren

Nimm dir einen halben Tag Zeit für die Ausarbeitung und Produktion deiner Tool-Demos. Geeignete Vorlagen und Slides erstellst du am einfachsten mit Microsoft PowerPoint oder Apple Keynote. Brauchst du Kartensets? Mit der Layout-Funktion im Druckmenü, mit der du mehrere Folien verkleinert auf einer Seite zusammenfassen kannst, erzeugst du ein PDF als Kartenset-Vorlage, das sich auf dickem Papier ausdrucken und schneiden lässt. Du kannst auch einen Copyshop mit Ausdruck und Schnitt der Karten beauftragen. Gleiches gilt für Großformate über DIN A3. Viele Copyshops nehmen Aufträge per E-Mail an, sodass du die Vorlagen nur noch abholen musst.

Materialien zusammenstellen

Zwei Tage vor dem Workshop wird es Zeit, alle Materialien zusammenzustellen. Du hast hoffentlich daran gedacht, bei der Grobplanung auch gleich fehlende Materialien zu bestellen, sodass du jetzt über einen kleinen Vorrat verfügst. Eine Material-Checkliste für Workshop-Gruppen mit drei Teams findest du am Ende dieses Buches, einen Download-Link am Ende dieses Kapitels.

Musst du das Material selbst zum Workshop-Ort transportieren? Dann achte darauf, dass dein Gepäck nicht zu schwer wird, sodass du bei Flugreisen die Gepäckgrenze von dreiundzwanzig Kilogramm einhältst. Verzichte in diesem Fall auf alle optionalen Prototyping-Materialien.

Materialliste

Unter dem folgenden Link kannst du die Materialliste für einen Innovationstarter-Workshop mit drei Teams herunterladen: bit.ly/jensottolange-checkliste-workshopmaterialien

Bringe eine Auswahl von Materialien für visuelles Arbeiten und Prototyping mit in den Workshop und richte einen Tisch für die Auslage der Materialien ein.

Onsite im Workshop-Raum

Der große Tag ist gekommen. Reise nach Möglichkeit immer am Vortag an. Womöglich hast du den Raum nie zuvor gesehen. Nimm Kontakt zum örtlichen Ansprechpartner auf und trage Sorge dafür, dass du am Vorabend oder rund neunzig Minuten vor dem offiziellen Beginn Zugang zum Workshop-Raum hast, damit du alles vorbereiten kannst.

Jetzt muss alles ganz schnell gehen. Lege einen Bereich fest, in dem sich alle Teilnehmer im Kreis aufstellen können. Dieser Bereich sollte zentral angeordnet sein und dient als Plenum für Stand-ups, Tool-Demos, Warm-ups und Präsentationen. Das Plenum sollte den Blick freigeben auf die von dir vorbereiteten Tool-Demos – dafür benötigst du Pinnwände oder eine größere Wandfläche. Verzichte auf einen Stuhlkreis: Eine sitzende Haltung bremst die Energie und erzeugt Passivität. Stelle Sitzgelegenheiten gestapelt bereit, sodass die Teilnehmer sich bei Bedarf selbst eine Sitzgelegenheit nehmen können.

Breite deine Materialien und Arbeitsmittel auf einem für alle Teilnehmer gut erreichbaren und einsehbaren Tisch aus.

Überlege, wo du Artefakte aushängst, die du für Tool-Demos und konsolidierte Arbeitsergebnisse nutzen willst.

Idealerweise hängst du übergreifende Informationen wie visuelle Agenda, Arbeitsvereinbarungen und Poster für Tool-Demos entsprechend ihrer Abfolge in räumlicher Nähe zueinander auf, sodass du über den ganzen Workshop hinweg erklären kannst, wie sie aufeinander aufbauen. Dafür kannst du neben Pinnwänden und Whiteboards auch Wand- und Fensterflächen nutzen.

Bereite für jedes Team eine Arbeitsstation vor. Eine Teamstation besteht aus Pinnwand, Flipchart, einem kleinen Ablagetisch und Sitzmöglichkeiten – auch hier gilt, dass diese zunächst gestapelt bleiben. Richte die Technik ein. Schließe Bildschirme an deinen Rechner an. Frage nach Adaptern, falls du keinen passenden dabei hast. Richte auch das WLAN und gegebenenfalls die Audio-Übertragung von Musik ein. Übertrage die WLAN-Zugangsdaten auf eine große Haftnotiz und hänge sie deutlich sichtbar für die Teilnehmer auf. Hast du ein Apple TV-Gerät dabei? Verbinde es mit dem WLAN und teste, ob sich damit von deinem Tablet oder Smartphone Bilder streamen lassen.

Viele Workshop-Räume haben keine Uhr. Bringe eine eigene mit (zum Beispiel als Tablet-App) und stelle sie so auf, dass du die Zeit immer im Blick hast. Hänge einen Ausdruck deines Microtimings an einer Stelle aus, die einfach einsehbar ist, sodass du jederzeit das Timing checken kannst.

Läuft dir die Zeit davon? Dann überlege, was du als Designfacilitator bis zur ersten Pause unbedingt brauchst, und setze deine Vorbereitung in der Pause fort. Beispielsweise kannst du die Teams bitten, ihre Teamstation selbst einzurichten, sodass du keine Pinnwände, Flipcharts, Stühle und Tische rücken musst.

Ist die Startzeit des Workshops erreicht? Fehlen wichtige Stakeholder, warte noch ein wenig. Ansonsten starte pünktlich, um das strikte Einhalten von Zeitvorgaben von Anfang an einzuüben. Bitte die Teilnehmer, einen Stehkreis zu bilden. Hebe einfach die Hand, um dir Gehör für deine Ansage zu verschaffen. Warte ab, bis alle ruhig sind, und bitte die Teilnehmer mit einer großen

Geste, sich im Kreis aufzustellen. Jetzt geht's los. Aufgrund deiner guten Vorbereitung weißt du ab jetzt, was zu tun ist. Folge einfach deinem Microtiming. Wenn du bei deiner Planung nah am Innovationstarter-Workshop-Format geblieben bist, kannst du zwischendurch auch einen Blick ins Buch werfen, um dir die Tools ins Gedächtnis zu rufen.

Starte auch frühzeitig mit der Fotodokumentation. Nimm mit deinem Smartphone über den gesamten Workshop hinweg Fotos von Zwischenergebnissen, Teilnehmer- und Raumsituationen auf. Nutze die Arbeitsphasen der Teams zwischen deinen Tool-Demos sowie die Pausen, um Arbeitssituationen und Ergebnisse zu dokumentieren. Nimm so wenige Dubletten wie möglich auf und kontrolliere bei jedem Foto per Größenzoom die Schärfe. Lösche unbrauchbare und doppelte Fotos am besten sofort bei der ersten Durchsicht – das vereinfacht das weitere Handling der Daten. Lade die Fotos am Ende des Workshop-Tages direkt vom Smartphone auf einen Online-Datenspeicher herunter, sodass die Teilnehmer bereits am nächsten Tag darauf zugreifen können. Läufst du aus der Zeit, dann überlege, an welchen anderen Stellen du kürzen kannst. Halte in jedem Fall die angekündigte Endzeit ein.

Ruhe vor dem Stum: Der Workshopraum ist vorbereitet, die ersten Teilnehmer können kommen.

Innovationstarter Tag 1: Problem präzisieren

5.1 Finde das Problem

Der erste Tag des Innovationstarter beginnt mit dem Set-up von Arbeitsweise und Teams. Der Schwerpunkt des Tages liegt auf der Erforschung des Problemraums. Die Teams fühlen sich in die Nutzerperspektive ein, um das eigentliche Problem präziser zu definieren. Dafür tragen sie eigenes Wissen und Daten aus der Nutzerforschung zusammen. Die Daten werden strukturiert, vom Team gedeutet und in neue Erkenntnisse für die Problemdefinition überführt.

5.2 Workshop-Set-up

Zu Beginn des Workshops trägst du als Designfacilitator Sorge dafür, gute Arbeitsbeziehungen zwischen den Teilnehmern herzustellen und die Rahmenbedingungen der Zusammenarbeit im Workshop zu klären. Nach Abschluss der Set-up-Phase sind die Teilnehmer ausreichend eingestimmt und informiert, um in die eigentliche Arbeit zu starten.

Persönliche Begrüßung und Namensschild

Lasse ruhige, freundliche Musik zur Begrüßung laufen. Rechne damit, dass die ersten Teilnehmer bereits dreißig Minuten vor dem offiziellen Beginn im Workshop-Raum auftauchen. Häufig betreten sie den Raum etwas orientierungslos und unsicher. Sei ein guter Gastgeber und begrüße jeden Teilnehmer persönlich, sodass sich jeder gut aufgehoben fühlt. Verweise auf die Garderobe, biete eine Tasse Kaffee an und bringe die eintreffenden Teilnehmer miteinander ins Gespräch, sodass dir etwas Zeit für die letzten Vorbereitungen bleibt.

Biete Kreppband oder Adressaufkleber und einen wischfesten Marker an, sodass die Teilnehmer während der Wartezeit ihr eigenes Namensschild erstellen können. Zeige dem Ersten, wie es geht, indem du dein eigenes Namensschild anfertigst. Nur Vorname, Vor- und Nachname, nur Nachname, mit oder ohne Anrede? Es liegt bei dir, welche Form du in deinem Beispiel vorschlägst. So kannst du informell bereits das Workshop-Du einführen.

Mit farbigem Malerkrepp können die Teilnehmer gleich zu Beginn des Workshops ihr eigenes Namensschild erstellen.

Persönliche Begrüßung und Namensschild

15 Minuten Session-Dauer

- Jeden Teilnehmer persönlich begrüßen, gegebenenfalls Gesprächspartner einander vorstellen;
- die ersten Teilnehmer bitten, ein Namensschild anzufertigen.

Vorbereitung:

- Station für Schreiben der Namensschilder einrichten,
- Kreppklebeband und Marker bereitlegen.

Stand-up als Startritual

Ist die Startzeit erreicht, kannst du mit einem Stand-up-Ritual den Workshop starten. Bitte dafür alle Teilnehmer, sich auf einer Freifläche im Kreis aufzustellen. Lege einen Time Timer in die Mitte und stelle ihn auf fünfzehn Minuten ein. Fange pünktlich an, auch wenn einige Teilnehmer noch fehlen. Sie haben Gelegenheit, während des Stand-ups einzusteigen.

Eine Kreisaufstellung gleich zu Beginn des Workshops sorgt von Anfang an für Konzentration.

Nach einer kurzen Begrüßung bittest du den Auftraggeber um ein kurzes Statement, warum der Workshop stattfindet. Sofern der Auftraggeber kein Teilnehmer ist, kann er den Workshop danach bis zur Präsentation der Ergebnisse verlassen.

Weise kurz in die Räumlichkeiten ein und erkläre den Weg zum WC, zum Catering und zu anderen relevanten Lokalitäten. Beende das Stand-up spätestens nach fünfzehn Minuten.

Stand-up als Startritual

15 Minuten Session-Dauer

Aufstellung im Kreis

Vorbereitung:

Raum schaffen für Kreisaufstellung

Steckbrief-Interview als Warm-up

Bevor du inhaltlich in deinen Workshop startest, solltest du zwanzig Minuten in ein Warm-up zum Kennenlernen investieren, um Beziehungen und Vertrauen unter den Teilnehmern aufzubauen. So schaffst du emotionale Sicherheit für die Teilnehmer und hilfst ihnen bei der Orientierung in der Gruppe.

Das Steckbrief-Interview eignet sich für Workshop-Gruppen, die sich untereinander wenig oder gar nicht kennen. Bitte die Gruppe, Paare oder Trios mit Teilnehmern zu bilden, die sie kaum oder gar nicht kennen. Um sich kennenzulernen, führen die Partner im Wechsel ein jeweils fünfminütiges Interview mit ihrem Gegenüber, um die folgenden Fragen zur Person, zur Rolle im Workshop und zu den Erwartungen zu beantworten:

- Wer bist du (Privates und Berufliches)?
- Warum bist du hier (Rolle)?
- Was willst du mitnehmen (Erwartung)?

Kennen sich die Teilnehmer bereits recht gut, kannst du sie bitten, bei der ersten Frage etwas noch Unbekanntes aus ihrem Privatleben preiszugeben. Bereite deinen eigenen Steckbrief als Beispiel vor. Nach dem Interview erhalten alle Paare drei weitere Minuten Zeit, um die Antworten des Partners auf einer großen Haftnotiz als Steckbrief mit drei Stichworten zusammenzufassen – zusammen mit einem kleinen Bild oder Symbol, das den Partner darstellt. Danach stellt jeder mithilfe der Haftnotiz seinen Partner vor. Alle Steckbrief-Haftnotizen werden auf einem Flipchart gesammelt.

In vielen Workshops wechseln die Teilnehmer bis zum letzten Moment. Mit den Steckbriefen dokumentieren die Teilnehmer selbst ihre Teilnahme. Außerdem kannst du so von Anfang an einschätzen, wer mit welchen Erwartungen kommt (Was willst du mitnehmen?) und mit welchem Engagement du rechnen kannst (Warum bist du hier?). Schließlich gewöhnst du die Teilnehmer gleich zu Beginn daran, einander zuzuhören.

Tipp: Team-Commitment visualisieren

Welche Teilnehmer werden später auch Teil des Projektteams werden? Nutze die Steckbriefe, um das Commitment zum Projektteam abzufragen. Male dafür einen Kreis auf ein Flipchart oder eine Pinnwand. Wer sich bereits dem Projektteam zugehörig fühlt, hängt seinen Steckbrief in den Kreis. Außerhalb des Teamkreises gruppieren sich alle, die sich als Adviser (Berater) oder Stakeholder (Interessenträger, Entscheider, Beeinflusser) verstehen.

Einige Workshop-Teilnehmer werden sich auf der Kreislinie platzieren, weil sie sich noch nicht klar entscheiden können, ob sie innerhalb oder außerhalb des Projektteams stehen. Finde in solchen Fällen mit den Teilnehmern eine passende Bezeichnung für ihre aktuelle Position.

Am dritten Tag werden wir erneut zum Teamkreis zurückkehren, um zu überprüfen, ob sich das Commitment der Teilnehmer zum Projektteam im Verlauf der Zusammenarbeit verändert hat (vergleiche Seite 211).

Steckbrief-Interview

Dein Name
#Wer bist du?
#Warum bist du hier?
#Was willst du mitnehmen?

Beispiel

Jens Otto Lange
#Designfacilitator
#Workshop-Moderation
#zufriedene Teilnehmer

Das Steckbrief-Interview bricht das Eis und hilft den Teilnehmern, sich in der Gruppe zu orientieren.

Steckbrief-Interview als Warm-up

20 Minuten Session-Dauer

- 10 Minuten Timebox: Anleitung, Bearbeitung der Aufgabe in Paaren, 2 × 5 Minuten;
- 10 Minuten: Teilnehmer stellen reihum ihren Partner vor.

Vorbereitung:

- Pinboard oder Flipchart mit Kreis,
- Anleitung auf großen Haftnotizen,
- Haftnotiz deines eigenen Steckbriefs als Beispiel anfertigen,
- Haftnotizen und Stift für jeden Teilnehmer .

Ziel und visuelle Agenda

Nachdem sich die Teilnehmer ein wenig kennengelernt haben, kannst du sie mit Ziel und Agenda des Workshops vertraut machen. Lasse den Auftraggeber, der idealerweise zu Beginn des Workshops anwesend ist, das im Vorfeld abgestimmte Ziel (die Design Challenge) vorstellen. Zeige dann den Double Diamond (vergleiche Seite 55) mit den sechs Phasen des Design Thinking-Prozesses als horizontale Journey auf einer Pinnwand oder Wandfläche. Deute auch den dritten Workshop-Tag für die Definition des Projekts in deiner visuellen Agenda an. Die visuelle Agenda sollte über den gesamten Workshop sichtbar bleiben. Sie hilft den Teilnehmern bei der Orientierung.

Brauchst du mehr Details für die Teilnehmer oder für dich selbst? Dann kannst du die visuelle Agenda mit vertikal angeordneten Haftnotizen zu den einzelnen Tool-Sessions weiter detaillieren und jede Session mit Angaben zur vorgesehenen Startzeit und Dauer versehen.

Informiere die Teilnehmer über die geplanten Pausen und das Ende des Workshops. Kläre, ob jemand vorzeitig den Workshop verlassen muss.

Eine visuelle Agenda hilft den Teilnehmern bei der Orientierung. Du musst nicht alle Details und Tools vorab erklären. Das ist eher ermüdend. Erkläre nur so viel, wie die Teilnehmer brauchen, um sich sicher zu fühlen.

Ziel und visuelle Agenda

5 Minuten Session-Dauer

Vorbereitung:

- Design Challenge auf Slide und als Ausdruck bereitstellen;
- visuelle Agenda auf Pinnwand oder Flipchart an der Wand anbringen, mit Darstellung der Design Thinking-Phasen, ausgedruckt auf starkem Papier.
- Die Design Thinking-Phasen zum Ausschneiden kannst du unter dem folgenden Link herunterladen: bit.ly/jensottolange-designthinking-phasen.

Arbeitsvereinbarungen – Way of Working

Verständige dich mit den Teilnehmern zu Beginn über einige Workshop-Regeln. Lege dafür auf einer Pinnwand oder einem Flipchart die Spalten wünschenswertes Verhalten und unakzeptables Verhalten an.

Füge zunächst Haftnotizen mit Design Thinking-spezifischen Vorgaben für wünschenswertes Verhalten hinzu.

Nachfolgend findest du die wichtigsten Arbeitsregeln im Überblick.

- Erst der Nutzer, dann das Produkt
- Timeboxing: 80/20-Regel, Zeitziele einhalten
- Workshop-Du
- Visualisieren mit Marker und Haftnotizen
- Sketch-Say-Stick-Regel
- Fotoprotokoll per Smartphone
- Cross-funktionale Teamarbeit

Diese Arbeitsvereinbarungen werden von dir aktiv vorgeschlagen. Im Kasten auf den folgenden Seiten findest du Erläuterungen zu jedem Punkt. Nutze sie, um den Teilnehmern die Arbeitsvereinbarungen zu erklären.

Fasse dich so kurz wie möglich, um die Aktivität der Gruppe hoch zu halten. Weitere Hinweise zu Brainstorming-Regeln oder einzelnen Tools kannst du im weiteren Verlauf des Workshops vermitteln – idealerweise genau dann, wenn die Teilnehmer sie tatsächlich für ihre Arbeit brauchen.

Verständige dich mit den Teilnehmern auf einige Regeln für die Zusammenarbeit im Workshop (und darüber hinaus im Projekt).

Arbeitsvereinbarungen für den Workshop

Erst der Nutzer, dann das Produkt

Verweise an dieser Stelle noch einmal auf das Denkmodell des Design Thinking, das den Menschen und seine Bedürfnisse (die Human Factors) zum Ausgangspunkt jeder Problemlösung macht, gleichzeitig aber auch die Perspektiven von Technologie, Business und Nachhaltigkeit berücksichtigt. Nutze dafür das Venn-Diagramm mit den vier Dimensionen attraktiv für Nutzer, technisch machbar, wirtschaftlich sinnvoll und nachhaltig für die Umwelt (vergleiche Seite 24). Verweise darauf, dass Design Thinking seinen Erkenntnisprozess immer beim Nutzer startet.

Timeboxing: 80/20-Regel, Zeitziele einhalten

Erkläre den Teilnehmern, dass Design Thinking auf der Annahme beruht, dass es sinnvoll ist, zunächst in kurzer Zeit erste Lösungsansätze zu entwickeln, um sie dann frühzeitig zu testen und weiter zu iterieren. Feste Zeitvorgaben für einzelne Arbeitssessions helfen dem Team, im Rahmen des Workshops alle Phasen zu durchlaufen. Führe die Pareto-Regel als Arbeitsvereinbarung ein. Die Pareto-Regel besagt, dass achtzig Prozent der Ergebnisse mit zwanzig Prozent des Aufwandes erreicht werden können.

Für die Zeitmessung kannst du Time Timer-Stoppuhren an die Teams ausgeben, sodass sie ihre Zeitvorgaben selbst im Auge behalten können. Führe zusätzlich die Timekeeper-Rolle im Team ein. Der Timekeeper übernimmt die Verantwortung, die Zeitziele zu managen, den Time Timer zu bedienen und das Team an den Ablauf der Zeit zu erinnern. Ein großer Aufkleber macht den Träger der Timekeeper-Rolle für das Team – und für dich als Designfacilitator – sichtbar.

Workshop-Du

Das Du war früher einmal Ausdruck besonderer freundschaftlicher Nähe. Der Normalfall im Beruf war das Sie. Heute ist das Du weitaus weiter verbreitet. Die Werbung duzt uns. Auch im Arbeitsalltag setzt sich das Du durch. Es macht Zusammenarbeit informeller, flüssiger, weniger sperrig, weil die Arbeitsbeziehung durch eine persönliche Note gewürzt wird. Das Du gehört zu jedem Design Thinking-Workshop, weil es die Idee von gelungener, cross-funktionaler Teamarbeit auf Augenhöhe befördert – egal in welcher Sprache. Schlage vor, dass jeder das Du verwenden darf, aber nicht muss.

Visualisieren mit Markern und Haftnotizen
Erläutere den Teilnehmern den Umgang mit Haftnotizen. Zeige, wie wellige Haftnotizen vermieden werden, indem du die Haftnotiz mit einem Ruck nach unten rechts oder zur Seite vom Block abziehst. Erläutere, dass Visualisierungen mit Markern und Haftnotizen Dialog und Dokumentation erleichtern. Weise darauf hin, anstelle von dünnen Kugelschreibern oder Bleistiften dickere Filzschreiber für die Beschriftung zu verwenden, sodass die Texte auf dem Fotoprotokoll lesbar bleiben. Bitte die Teilnehmer, auf Haftnotizen weder Langtexte noch Aufzählungen zu schreiben. Zeige eine Haftnotiz mit fünf bis sieben Worten und einer kleinen Zeichnung als Beispiel für die ideale Textmenge.

Sketch-Say-Stick

Die Sketch-Say-Stick-Methode ist eine Basistechnik für die Sichtbarmachung und Dokumentation von Teambeiträgen im Raum. Jedes Teammitglied erhält Haftnotizen und Marker. Nach Start der Session notiert jeder seinen Beitrag in Wort und Bild zunächst auf einer Haftnotiz, um ihn dann laut auszusprechen, während die Haftnotiz auf ein Flipchart, eine Pinnwand oder eine verfügbare Wandfläche geklebt wird. Auf diese Weise wird sichergestellt, dass auch die Introvertierten im Team Gehör finden und alle den Verlauf und das Ergebnis der Diskussion mitbekommen. Gedanken und Ideen, die frei im Raum schweben, werden materialisiert. Das Team kann im Nachgang jederzeit darauf zugreifen, um Rückbezüge, Schwerpunkte und Verbindungen herauszuarbeiten.

Fotoprotokoll per Smartphone
Erläutere den Teilnehmern, dass du Verlauf, Arbeitssituationen und Ergebnisse des Workshops mit deiner Smartphone-Kamera dokumentieren wirst.

Cross-funktionale Teamarbeit
Weise darauf hin, dass cross-funktionale, diverse Teams einen wesentlichen Erfolgsfaktor darstellen, um unterschiedliche Sichtweisen zu verknüpfen und blinde Flecken zu vermeiden. Das gilt nicht nur für Design Thinking, sondern für agile Arbeitsweisen insgesamt. Kündige an, dass du im Anschluss an die Erläuterung der Arbeitsvereinbarungen gemischte Teams für den Workshop bilden wirst.

Bitte die Teilnehmer im Anschluss an die Vorstellung der Arbeitsvereinbarungen, in drei- bis vierköpfigen Kleingruppen in drei Minuten maximal vier weitere Haftnotizen für wünschenswertes oder unakzeptables Verhalten zu erstellen. Nach Ablauf der Zeit stellt jedes Team seine Haftnotizen vor und fügt sie der Liste der Arbeitsvereinbarungen zu. Zum Abschluss fragst du noch einmal in die Runde, ob alle mit den Arbeitsvereinbarungen einverstanden sind oder ob einzelne Punkte weiter erläutert oder ergänzt werden sollten.

Arbeitsvereinbarungen für den Workshop

15 Minuten Session-Dauer

5 Minuten: Arbeitsregeln erklären;

3 Minuten: Gruppen erarbeiten weitere Vorschläge;

7 Minuten: Gruppen stellen Vorschläge vor, Commitment zu Regeln erfragen.

Vorbereitung:

- Arbeitsregeln auf große Haftnotizen übertragen;
- Aushangfläche vorbereiten mit Spaltentiteln »erwünschtes Verhalten« und »unerwünschtes Verhalten«.

Living Map für Teambuilding

Die ideale Teamgröße für diverse, cross-funktionale Design Thinking-Teams liegt bei vier bis fünf Personen, die Untergrenze bei drei und die Obergrenze bei sieben. Bilde die Arbeitsteams direkt im Workshop. Gestalte das Teambuilding als Warm-up. Nutze dafür die Living Map-Aufstellung: Bitte die Teilnehmer, sich nach vorgegebenen Kriterien im Raum aufzustellen. Für die Living Map müssen sich die Teilnehmer untereinander absprechen. Unterstütze das Kennenlernen der Teilnehmer, indem du mit Persönlichem zunächst für gute Stimmung sorgst. Hier einige Beispiele:

- Zeige im Raum die Himmelsrichtungen Norden, Süden, Osten, Westen. Du kannst sie auch mit Haftnotizen an allen vier Wänden markieren. Die Mitte des Raums markiert den Ort des Workshops. Bitte die Teilnehmer, sich entsprechend des Ortes, an dem sie aufgewachsen sind, im Raum aufzustellen.

- Option: Frage die Teilnehmer, wie viele Tassen Kaffee oder Tee sie am Morgen bereits getrunken haben, und bitte sie, sich von keine bis zum Maximum in einer Reihe aufzustellen.
- Option: Frage die Teilnehmer, wie viele Mobiltelefone sie in ihrem Leben schon besessen haben, und bitte sie, sich nach Anzahl in einer Reihe aufzustellen.

Im zweiten Teil der Übung wirst du ernsthafter, indem du fachliche Kriterien vorgibst, die für die Bildung von cross-funktionalen Teams wichtig sind, zum Beispiel:

- In einer Reihe: Dauer der Zugehörigkeit zum Unternehmen.
- Im Raum in drei Gruppen anordnen nach: Arbeitsschwerpunkt Nutzer, Technik, Business oder Umwelt.

Kreiere bei Bedarf weitere Aufstellkriterien. Zuweilen gibt es bei den Teilnehmern Unsicherheit in Bezug auf ihre Zuordnung. Hilf ihnen mit Vorschlägen. Du kannst auch spontan neue Kategorien aufmachen, sofern dir dies für die Diversität sinnvoll erscheint. Schreibe bis zu drei Diversitätskriterien als Anleitung auf große Haftnotizen oder auf ein Flipchart, zum Beispiel:

- Dauer Unternehmenszugehörigkeit,
- fachlicher Fokus Nutzer, Technik, Business, Umwelt,
- Geschlecht (dafür ist keine Aufstellung nötig).

Danach bittest du die Teilnehmer, sich entlang der Kriterien in vorgegebenen Teamgrößen (idealerweise zu viert oder fünft) so divers wie möglich zusammenzufinden. Checke die Diversität, nachdem sich die Teams gebildet haben, indem du die Kriterien noch einmal vorliest und dabei jedes Team um eine Rückmeldung bittest. Sind die Teams gebildet, arbeiten sie an den Workshop-Tagen 1 und 2 über alle Phasen des Design Thinking-Prozesses zusammen. Wer mitmacht, von dem wird volle Aufmerksamkeit und voller Zeiteinsatz erwartet. An Workshop-Tag 3, an dem das Projekt definiert wird, sollten auf jeden Fall alle für das Projektteam vorgesehenen Teilnehmer anwesend sein.

Einen Umbau der Teams oder die Aufnahme neuer Teilnehmer im Verlauf des Workshops solltest du vermeiden, denn ein Design Thinking-Team lebt von der Dichte der Kommunikation, die von Haftnotizen, Grafiken und Skizzen nur bruchstückhaft dokumentiert wird. Jede Veränderung in der Teamzusammensetzung erzeugt einen erheblichen Transaktionsaufwand für das Onboarding neuer Mitglieder, der Zeit, Energie, Nerven und Momentum kostet. Daher sollten Teilnehmer, die nur zeitweise teilnehmen können, nicht in den Teams mitarbeiten. Weise ihnen lieber eine Rolle als Feedbackgeber zu, etwa im Rahmen einer Abschlusspräsentation.

Living Map

10 Minuten Session-Dauer

Vorbereitung:

Bis zu drei Diversitätskriterien auf großen Haftnotizen als Anleitung vorbereiten.

Team-Check-in

Bitte die Teams, ihren Team-Space einzurichten und ihre Zusammenarbeit mit einem kurzen Check-in zu starten. Ein Team-Space besteht aus einem Flipchart, einer Pinnwand, einem Whiteboard oder einer freien Wandfläche, einem Ablagetisch, gegebenenfalls einigen Sitzgelegenheiten und den für die Arbeit notwendigen Materialien. Als Check-in-Format kannst du die Teams bitten, sich gegenseitig kurz vorzustellen und mitzuteilen, wie sie sich aktuell fühlen. Darüber hinaus kannst du die Teilnehmer bitten, ihrem Team in einem kurzen Brainstorming einen Namen zu geben. So stärkst du die Beziehungsebene im Team für die darauffolgende Zusammenarbeit.

Ein Teamspace im Workshop-Raum braucht ausreichend Fläche für Aushänge, einen Ablagetisch sowie möglichst flexible, stapelbare Sitzgelegenheiten.

Team-Check-in

15 Minuten Session-Dauer

10 Minuten Timebox: Check-in im Team mit kurzer Vorstellung, Stimmungsbild und Namensfindung für das Team;

5 Minuten: Teams stellen ihren Namen kurz vor.

Vorbereitung:

Bereitstellung von Flipcharts, Pinboards, Sitzgelegenheiten, Tischen und Materialien im Raum

5.3 Thema verstehen

In dieser Phase entwickelt das Team ein gemeinsames Verständnis der Design Challenge, tauscht vorhandenes Wissen zum Problemraum aus und sammelt offene Fragen und erste Annahmen für die daran anschließende Forschungsphase.

Challenge Map

Die Design Challenge beschreibt das Workshop-Ziel. In der Regel hast du die Design Challenge bereits im Vorfeld mit dem Auftraggeber des Workshops abgestimmt. Die Teilnehmer sollten die Design Challenge bereits aus der Einladung kennen. Das heißt aber nicht, dass alle Teilnehmer sie in gleicher Art und Weise verstehen. Die Challenge Map hilft dem Team, zu Beginn des Designprozesses ein gemeinsames Verständnis zu erarbeiten. Das Team wird angeregt, die sprachlichen Elemente der Design Challenge zu überprüfen und gegebenenfalls zu justieren, sein kontextbezogenes Wissen zu teilen und erste Fragen für die darauffolgende Exploration von Nutzerbedürfnissen zu sammeln.

Mit der Challenge Map erschließt sich das Team den thematischen Kontext der Design Challenge. Die Challenge Map ist eine semantische Analyse der Design Challenge im Format einer Mindmap. Sie ist eine Sammlung von Beiträgen aller Teammitglieder und visualisiert Verlauf und Inhalte der Diskussion im Team.

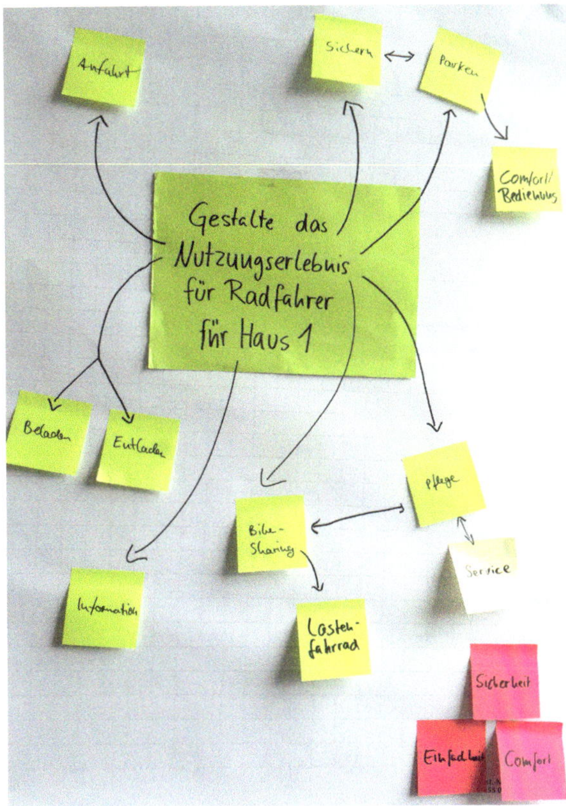

Die Challenge Map hilft dem Team, sich in das Thema der Design Challenge einzuarbeiten und ein gemeinsames Verständnis zu entwickeln.

Darüber hinaus ist die Challenge Map die erste inhaltliche Aufgabe, die das Team im Workshop gemeinsam bearbeitet, sodass sie gleichzeitig dazu dient, die Sketch-Say-Stick-Methode einzuüben.

Für jedes Team bereitest du einen Ausdruck der Design Challenge vor, der mittig auf an Flipchart oder eine Pinnwand aufgehängt wird. Reiche jedem Teammitglied Haftnotizen und Marker. Das Team erhält zehn Minuten, um hinter jedes Wort zu blicken und die Design Challenge entlang von drei Fragen zu diskutieren:

- Was bedeuten die einzelnen Begriffe für dich? Kennst du synonyme Begriffe, die dein Verständnis genauer beschreiben?
- Welches Wissen, welche Storys und Erfahrungen rund um das Thema bringst du mit?
- Welche offenen Fragen hast du zum Thema?

Alle Teammitglieder sind aufgerufen, nach der Sketch-Say-Stick-Methode Haftnotizen zur Mindmap hinzuzufügen, sodass die verschiedenen Perspektiven auf das Thema für alle sichtbar werden. Jeder kann einzelne Worte unterstreichen und sie durch Zeichnung einer Linie mit den Haftnotizen verbinden, auf denen alle die synonymen Begriffe, Wissensbrocken oder Fragen notiert haben.

Challenge Map

20 Minuten Session-Dauer

10 Minuten: Anleitung und Zeitpuffer;

10 Minuten Timebox: Challenge Map entwickeln.

Vorbereitung:

- A4-Ausdrucke der Design Challenge für jedes Team,
- Folie für Anleitung und Beispiel unter dem folgenden Link herunterladen: bit.ly/jensottolange-challengemap.

Option: Design Charrette

Die Design Charrette ist eine Alternative zur Challenge Map. Sie eignet sich für die Bearbeitung sehr weit gefasster Design Challenges, in denen die Nutzergruppe nur sehr grob spezifiziert ist. Das Team kann damit verschiedene Nutzergruppen betrachten und weiter eingrenzen.

Woher kommt der Name Design Charrette?

Das französische Wort »charrette« bedeutet Karren. Im Paris des 19. Jahrhunderts fuhren Kunststudenten mit solchen Karren zur Akademie, um im letzten Augenblick ihre Kunstwerke abzugeben. Selbst unterwegs arbeiteten sie noch daran, während die Passanten weitere Kommentare zusteuerten.

In den USA und im Großbritannien der Neunzigerjahre übernahmen Stadtplaner die Bezeichnung, um ein Tool für die frühzeitige Planungsbeteiligung der Bürger zu benennen. Von dort fand die Bezeichnung Eingang ins Design Thinking, um Teams ein gemeinsames Verständnis der Design Challenge sowie der weiteren Handlungsschritten zu ermöglichen.

Für die Design Charrette bereitest du auf einem Flipchart oder einer Pinnwand eine Tabelle mit vier Spalten in der Breite einer Haftnotiz vor. Bezeichne die Spaltentitel mit

- Nutzergruppen,
- Situationen,
- Bedürfnisse/Probleme,
- offene Fragen.

Welche Nutzergruppen könnten relevant sein? Bitte die Teams, in einem Brainstorming die erste Spalte »Nutzergruppen« mit auf Haftnotizen notierten Vorschlägen zu füllen.

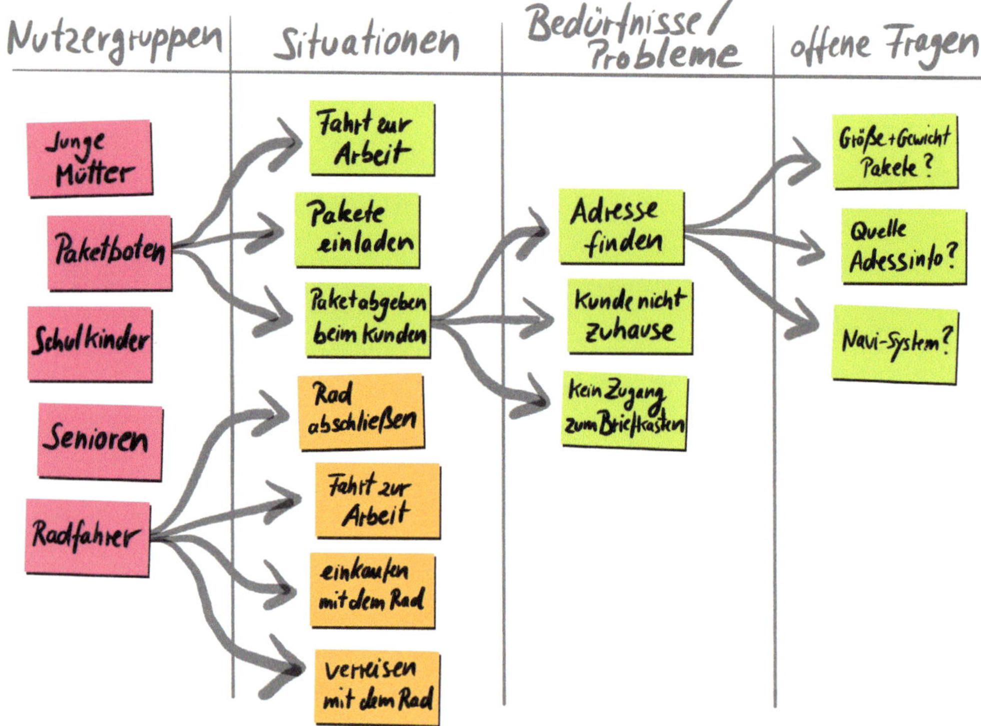

Mit der Design Charrette grenzen Teams sehr weit gefasste Design Challenges weiter ein.

Nehmen wir an, die Design Challenge heißt »Verbessere das Mobilitätserlebnis für Akteure urbanen Verkehrs«. Das Team listet in der ersten Spalte mögliche Nutzergruppen auf, zum Beispiel junge Mütter, Radfahrer, Schulkinder, Senioren und Paketboten. Lasse das Team maximal zwei Nutzergruppen auswählen, die es näher betrachten möchte, zum Beispiel Paketboten und Radfahrer.

In der zweiten Spalte (Situationen) fächert das Team jetzt mögliche Situationen in Zeit und Ort auf, die es im Alltag der beiden ausgewählten Nutzergruppen betrachten will. In unserem Beispiel sammelt das Team für den Paketboten die Optionen »Fahrt zur Arbeit, Pakete einladen, Paket abgeben beim Kunden« und für Radfahrer die Situationen »Rad abschließen, Fahrt zur Arbeit, Einkaufen mit dem Rad, Verreisen mit dem Rad«. Wieder entscheidet sich das Team für einen Fokus. Für den Paketboten wählt es die Situation »Paket abgeben beim Kunden« aus. In die Spalte Bedürfnisse/Probleme sammelt es im Anschluss Wissen und Ideen über Bedürfnisse oder Probleme von Paketboten bei der Abgabe von Paketen, zum Beispiel »Adresse finden, Kunde ist nicht zu Hause, kein Zugang zum Briefkasten«.

In der vorletzten Spalte entscheidet sich das Team erneut für einen Fokus auf »Adresse finden«, bevor es in der letzten Spalte erste Forschungsfragen für die Feldforschung sammelt, zum Beispiel »Wie groß und schwer sind die Pakete?«, »Woher bekommt der Paketbote die Adressinformation?« oder »Welche Navigationssysteme nutzt der Paketbote?«. Das Team setzt seinen Arbeitsfokus demnach zunächst auf die Mobilitätsbedürfnisse von Paketboten, die bei der Zustellung eine Adresse suchen.

Sofern die Innovationsstrategie vorab keine Vorgaben für die Auswahl von Nutzergruppe, Situation und Bedürfnis gesetzt hat, können die Teams die Nutzergruppen während des Workshops auf Grundlage von eigenem Wissen, Motivation und Zugangsmöglichkeiten zur Nutzergruppe auswählen, um sie in den Folgeschritten weiter zu explorieren.

Design Charrette (Alternative zur Design Challenge)

20 Minuten Session-Dauer

5 Minuten: Anleitung mit Beispiel;

15 Minuten Timebox: Design Charrette entwickeln.

Vorbereitung:

- A4-Ausdrucke der Design Challenge für jedes Team;
- Tabelle mit Spaltentiteln Nutzergruppen, Situationen, Probleme, Fragen für Team-Stationen vorbereiten.

5.4 Nutzerforschung planen und durchführen

In der Phase des Beobachtens und Einfühlens verlassen die Teams ihre Innensicht und erforschen die Außenwelt, um Empathie für Nutzer und Betroffene aufzubauen. In dieser Phase geht es darum, Nutzerprobleme zu finden, die nicht oder noch nicht befriedigend gelöst sind. Die Einfühlung in die Nutzerperspektive hilft dem Team, gewohnte Sichtweisen zu verlassen und neue Perspektiven auf das jeweilige Thema einzunehmen. Anders als in der klassischen Marktforschung geht es zunächst noch nicht darum, Beweise zu führen, sondern Inspirationen für neuartige Lösungen zu finden.

Die Phase des Beobachtens und Einfühlens ist besonders lang und aufwendig. Daher haben wir sie in zwei Kapitel unterteilt. In diesem Kapitel geht es um die Planung und Durchführung der Nutzerforschung, im darauffolgenden um deren Auswertung und Synthese.

Zunächst richtet das Team seinen Blick auf die Außenwelt. Um die tieferen Motivationen und Emotionen von Nutzern zu verstehen, greift Design Thinking auf qualitative Forschungsmethoden aus der empirischen Sozialforschung und der Völkerkunde zurück: das Ausprobieren im Selbstversuch (Immersion), die teilnehmende, verdeckte oder Selbst-Beobachtung im Feld sowie das offene Interview. Vorhandene quantitative Marktforschungsdaten können für die Ausrichtung der qualitativen Forschung genutzt werden – zum Beispiel, wenn es darum geht, die passenden Orte, Situationen oder Nutzergruppen für die Feldforschung auszuwählen.

Die Teams führen die Nutzerforschung selbst durch, um die Sichtweise von Nutzern ungefiltert und aus erster Hand zu erleben. Delegieren sie diese Aufgabe an externe Partner, verpassen sie die Chance, neue Sichtweisen aufgrund eigener Erfahrungen zu entwickeln. Es besteht die Gefahr, dass die Teams in die gewohnte Innensicht zurückfallen und die Chance verpassen, bislang unerkannte Nutzerbedürfnisse zu entdecken.

In diesem Buch konzentrieren wir uns auf Interviews als Forschungsmethode. Interviews lassen sich am einfachsten in den Ablauf eines Workshops einpassen. Trotzdem können sie sehr erkenntnisreich sein. Sogenannte Problem-Interviews helfen den Teilnehmern, mehr über die Bedürfnisse des Nutzers im Kontext der gegebenen Design Challenge zu erfahren. Im Rahmen des ersten Tages unseres Innovationstarter-Workshops sind maximal halbstündige Interviews möglich.

Interviews planen mit der Research Map

Prinzipiell können Interviews mit Nutzern auch vor dem Workshop durchgeführt werden. Allerdings sind die Teilnehmer vor dem Workshop in der Regel noch nicht ausreichend mit der Methodik vertraut. Zudem fehlt es im Arbeitsalltag oft an Zeit und Fokus, sodass das Risiko besteht, dass bei den Interviews wenig herauskommt. Du umgehst dieses Risiko, indem du die Interview-Session in den Workshop einbettest.

Mit der Research Map planen die Teams ihre Nutzerforschung, um offene Fragen zu klären, die in der Phase »Thema verstehen« bei der Bearbeitung der Design Challenge aufgekommen sind.

Die Research Map hilft den Teams bei der Planung der Nutzerforschung. Sie gliedert die Planung der Nutzerforschung in die vier Dimensionen Was?, Wer?, Wie? und Wo?. Das Team hängt einen Ausdruck der Research Map in der Mitte eines Flipcharts auf. Die Linien werden bis zum Rand verlängert. Sie teilen das Blatt in vier Teilflächen auf, in denen das Team seine Planung mit Haftnotizen visualisiert.

Zunächst verständigt sich das Team über das Wer?. Welche Nutzergruppe soll erforscht werden? Eine Zahl von fünf bis sechs Nutzern ist in der Regel ausreichend, um Muster zu erkennen – mehr Interviews lassen sich im Rahmen eines Workshops ohnehin nicht auswerten. Die Auswahl der Nutzer richtet sich nach dem Thema (Wer könnte etwas darüber wissen? Wer ist betroffen?) sowie der Verfügbarkeit zum vorgesehenen Workshop-Zeitslot.

Der nächste Quadrant der Research Map gilt dem Was? der Forschung: Welche Fragen hat das Team an die Nutzer? Welche Annahmen will das Team überprüfen? Dafür blickt es noch einmal auf das Ergebnis der Challenge Map- beziehungsweise Design Charrette-Übung zurück (vergleiche Seite 122): Gibt es Haftnotizen mit offenen Fragen? Im zweiten Schritt brainstormt das Team weitere Forschungsfragen. Jedes Teammitglied schreibt Ideen für mögliche Fragen auf, danach werden bis zu sechs thematisch abgegrenzte Fragen gemeinsam ausgewählt und als Gesprächsleitfaden in einen Ablauf gebracht. Mehr als sechs Leitfragen sind nicht notwendig, da sie in den kurzen Interviews, die im Rahmen eines Workshops möglich sind, ohnehin nicht bearbeitet werden können.

Hilf den Teams mit einigen Beispielfragen bei der Formulierung und Gestaltung des Ablaufs. Besonders bei Straßeninterviews mit zufällig ausgewählten Befragten entscheidet der Einstieg darüber, ob es überhaupt zu einem Interview kommt. Die Ansprache Fremder startet man am besten mit einem freundlichen »Können Sie uns helfen?« und einer kurzen Vorstellung »Wir sind …«. Der Satz »Haben Sie kurz Zeit?« sollte vermieden werden – Zeit hat niemand, aber helfen tun viele gern.

Die Frage »Was verbindest du mit *Thema*?«, ergänzt um weiteres Nachhaken mit dem Fragewort »Warum?«, eignet sich gut zur Abfrage erster Assoziationen.

Spezifischer wird es mit der Frage »Wann hast du zuletzt …?«, die die Erinnerung an konkrete Erfahrungen anregt. Daran anschließend kann nach Geschichten und Bewertungen gefragt werden: »Erzähl mir von deiner besten/schlechtesten/überraschendsten Erfahrung mit ›Thema …‹«. Ein Nachhaken mit »und dann … und dann …?« hilft, zeitliche Abläufe zu verstehen.

Zum Ende des Interviews kann nach Wünschen gefragt werden: »Was würdest du dir in Bezug auf *Thema* wünschen?« Die Wunschäußerungen sollten aber niemals als direkte Vorgabe für das Design der Lösung verstanden werden, sondern als Ausdruck der Bedürfnisse des Befragten.

Nachdem das Team über das Interview eine Beziehung zum Befragten aufgebaut hat, wird dieser eher bereit sein, sensible Informationen preiszugeben. Dies gilt insbesondere für spontane Straßeninterviews mit Unbekannten. Daher sollten Fragen nach persönlichen Angaben wie Name, Alter oder Beruf erst zum Ende des Interviews gestellt werden. Jetzt ist auch eine gute Gelegenheit, den Befragten um weitere Mitarbeit zu bitten – zum Beispiel als Teilnehmer eines Tests der Lösung, die entwickelt werden soll – und dafür seine Kontaktdaten zu erfassen.

Direkt daran anschließend fragt die Research Map nach dem Wie?, das sich auf die Aufteilung des Teams bezieht. Qualitative Interviews werden im Duo durchgeführt – einer führt das Gespräch, der andere macht Notizen, ausgerüstet mit Papier und Klemmbrett. So fällt es dem Interviewer leichter, eine Beziehung zum Befragten aufzubauen und dessen Vertrauen zu gewinnen. Dagegen kann sich der Protokollant voll und ganz auf das Gehörte konzentrieren sowie Ausdruck, Körpersprache und Umgebung des Befragten beobachten. Bei vierköpfigen Teams teilt sich das Team in zwei Paaren auf, die jeweils bis zu drei Interviews führen. Bei fünfköpfigen Teams kann der verbleibende Teilnehmer das Interview diskret beobachten oder parallel eine Webrecherche zum Thema durchführen.

Jedes Forscherpaar benötigt eine Kopie des Gesprächsleitfadens. Schnell gemacht ist eine Smartphone-Fotoserie der Fragen in der Reihenfolge des Leitfadens, sodass während des Interviews einfach von Frage zu Frage gewischt werden kann.

Die letzte Dimension der Research Map bezieht sich auf das Wo? – auf die Auswahl der Orte für die Interviews. Wurden mit Nutzern bereits Interview-Termine vereinbart? Sollen Zufallsinterviews auf der Straße oder im Gebäude durchgeführt werden? Oder sind Interviews per Telefon, Video-Call oder Messaging-Dienst der bessere Weg zum Erkenntnisgewinn? Im Verlauf des Workshops bleibt nur wenig Zeit für lange Anfahrten. Mögliche Orte für Interviews sollten daher immer in erreichbarer Nähe zum Workshop-Raum liegen.

Interviews planen mit der Research Map

35 Minuten Session-Dauer

5 Minuten: Anleitung mit Beispiel;

30 Minuten Timebox: Research Map füllen.

Vorbereitung:

- Vorlage der Research-Map unter dem folgenden Link herunterladen: bit.ly/jensottolange-researchmap;
- jedes Team hängt einen A4-Ausdruck der Research Map mittig auf ein Flipchart auf.

Interviews durchführen

Qualitative Interviews sollten einem lockeren Gespräch gleichen, bei dem der Befragte viel und der Interviewer wenig redet. Ein Gesprächsleitfaden dient als Richtschnur, doch meistens werden spontan weitere Fragen gestellt, um interessante Punkte zu vertiefen.

Die wichtigsten Tipps zur Durchführung qualitativer Interviews findest du in der Infobox auf dieser Doppelseite.

Tipps für qualitative Interviews

Offene W-Fragen mit sechs Ws
Verwende die Frageworte »Warum?«, »Was?«, »Wie?«, »Wo?«, »Wer?« und »Wann?«, um offene Fragen zu formulieren und Fakten zu sammeln – ähnlich wie Journalisten es tun.

Keine Ja/Nein-Fragen
Vermeide Ja/Nein-Fragen und Suggestivfragen, die sich nur mit Ja und Nein beantworten lassen. Ja/Nein-Fragen eignen sich für die Validierung eigener Annahmen. Sie sind jedoch ungeeignet, wenn es darum geht, mehr über Weltsicht und Gefühlslage des Befragten zu erfahren. Suggestivfragen bringen dir keine neuen Erkenntnisse, sie drängen den Befragten vielmehr dahin, deine eigene Meinung zu bestätigen.

Tiefer schürfen mit 5 Why
Versuche, dein Vorwissen und deine Vorurteile beiseitezulegen. Nähere dich dem Befragten neugierig wie ein Kind und frage immer wieder Warum?, um zu lernen, welche tieferen Gründe, Motivationen und Gefühle sich hinter seinen Aussagen verbergen.

Achtzig Prozent zuhören, zwanzig Prozent reden

Folge der Pareto-Regel: Nutze maximal zwanzig Prozent der Zeit, um Fragen zu stellen, und höre achtzig Prozent der Zeit aufmerksam zu. Hörst du dich mehr reden als den Befragten, läuft irgendetwas schief. Überprüfe, ob du wirklich offene W-Fragen stellst.

Schweigen aushalten

Manche Menschen benötigen ein wenig Zeit, bevor sie antworten. Unterbrich diesen Denkprozess nicht, sondern gib dem Befragten Zeit, seine Gedanken zu sammeln.

Nach Abschluss der Planung machen sich die Forscherpaare der Teams auf den Weg. Sind die Workshop-Teilnehmer gleichzeitig Nutzer – zum Beispiel wenn es um Mitarbeiter als Nutzergruppe geht – kann die Interview-Session im Karussellverfahren direkt im Workshop-Raum durchgeführt werden. Dafür befragt jedes Team jemanden aus den benachbarten Teams. Erkenntnisreicher, wenn auch aufwendiger in Bezug auf Logistik und Zeitbedarf, sind Interviews mit Dritten, die entweder spontan auf der Straße befragt oder zu vorab vereinbarten Terminen besucht, angerufen oder in den Workshop eingeladen werden.

Straßeninterviews mit zufällig ausgewählten Nutzern eigenen sich für Themen, zu denen jeder etwas sagen kann.

Für jedes Interview füllt der Protokollant einen Interview-Bogen aus. Er vermerkt jeweils, mit wem das Interview geführt wurde, sodass die Notizen für die Auswertung zugeordnet werden können. Nach jedem Interview nimmt sich das Forscherpaar kurz Zeit, um die wichtigsten Ergebnisse in den Notizen zu markieren. Darüber hinaus berät sich das Forscherpaar aufgrund erster Erfahrungen, wie es den Ablauf des Interviews weiter optimieren kann.

Interview durchführen

75 Minuten Session-Dauer

- 15 Minuten: Anleitung Fragetechnik, Zeitpuffer;
- 60 Minuten Timebox: Interviews durchführen.

Vorbereitung:

- Tipps für Interviews auf Flipchart oder Slide darstellen;
- Interview-Bogen unter dem folgenden Link herunterladen und für jedes Team A4-Ausdrucke (einen pro Interview) bereitstellen: bit.ly/jensottolange-interview-cheatsheet;
- Klemmbretter für jedes Forscherpaar bereitstellen.

5.5 Nutzerforschung auswerten

Bei der Durchführung der Interviews ist das Team im divergenten Modus vorangegangen. Mit den qualitativen Interviews hat es das Thema in aller Breite untersucht und den Befragten viel Raum gegeben, damit sie ihre eigenen Geschichten zum Themenkomplex preisgeben. Im zweiten Schritt geht das Team in den konvergenten Modus über. Die Geschichten und Beiträge der Befragten werden ausgewertet und interpretiert. Sie werden in einem Syntheseprozess zusammengeführt, um daraus neue Erkenntnisse und Einsichten abzuleiten – die sogenannten Insights.

Auswerten mit der Data Map

Für die Auswertung der Interviews benötigt das Team einen gemeinsam Überblick über alle Interviews. In der Wissenschaftswelt werden qualitative Leitfadeninterviews zu diesem Zweck in Text transkribiert. Obwohl es dafür inzwischen Software gibt, ist diese Art der Auswertung für einen Workshop zu zeitaufwendig. Zeige den

Mit der Data Map verschafft sich das Team einen Überblick über die wichtigsten Interview-Ergebnisse.

Teams daher, wie sie aus den Notizen der wichtigsten Fakten und Zitate eine Data Map erstellen.

Zunächst nehmen sich die Forscherpaare des Teams etwa zehn Minuten Zeit, um die wichtigsten Daten und Fakten, die sie mit dem Team teilen möchten, zu markieren und auf Haftnotizen zu übertragen. Dabei geht es nicht darum, alle Aussagen zu übertragen. Als Filter und Trigger für die Auswahl kannst du dem Forscherteam die folgenden Triggerfragen an die Hand geben, um dafür passende Zitate auszuwählen:

- Was war interessant für den Nutzer?
- Was war wichtig?
- Was war schwierig (Probleme)?[22]
- Was war überraschend?

Abhängig vom Erkenntnisziel kann das Team bei Bedarf weitere Trigger ergänzen. Sie sollten sich aus dem Interviewleitfaden ableiten lassen, mit dem das Team in die Gespräche gegangen ist. Empfiehl den Teams, für die Dokumentation der einzelnen Interviews Haftnotizen in unterschiedlichen Farben zu verwenden, sodass im weiteren Verlauf sichtbar bleibt, von welchem Befragten welche Aussage stammt.

Danach startet das Team gemeinsam in den analogen Download der Daten. Dafür versammelt sich das Team vor einer Pinnwand, auf der eine Data Map angelegt ist. Die Data Map ist eine Tabelle mit Zeilen für die Befragten und Spalten für die Trigger »interessant«, »wichtig«, »schwierig« und »überraschend« – sowie gegebenenfalls weitere, die sich aus dem Interview-Leitfaden ergeben.

Jedes Forscherpaar erzählt nach und nach, wen genau es getroffen und welche Geschichten es gehört hat, während es nach der Sketch-Say-Stick-Methode die Data Map mit Haftnotizen füllt, sodass das übrige Team den Erzählungen folgen kann. Jeder kann spontan weitere Haftnotizen ergänzen, wenn Fakten erzählt werden, die interessant erscheinen, aber noch nicht dokumentiert sind.

Bei der Download-Session vor der Data Map ist höchste Konzentration gefragt, da alle im Team einander sehr gut zuhören müssen, um ein gemeinsames Verständnis der Fakten und Aussagen entwickeln zu können. Während des Storytelling können sich bereits erste Muster abzeichnen. Unter Muster verstehen wir Übereinstimmungen oder Ähnlichkeiten, die sich bei mehreren Befragten wiederholen.

Auswerten mit der Data Map

45 Minuten Session-Dauer

- 5 Minuten: Anleitung;
- 10 Minuten Timebox: relevante Fakten aus Interview-Notizen übertragen, pro Forscherpaar;
- 30 Minuten Timebox: Storytelling im Team vor Data Map.

Vorbereitung:

- Pro Team eine Pinnwand mit Data Map-Tabelle, minimal mit den Spaltentiteln »interessant«, »wichtig«, »schwierig« und »überraschend«;
- Haftnotizen in verschiedenen Farben.

Insights markieren per Nugget Framing

Sind alle Interview-Notizen auf der Data Map erfasst, beginnt das Team, die Daten zu Erkenntnissen zu synthetisieren. Die Deutung der Daten ist ein wichtiger Schritt, bei dem das Team beginnt, Bedeutungszusammenhänge, Probleme und Bedürfnisse zu erkennen, die es zuvor nicht gesehen hat. Fakten und Aussagen sind Ausschnitte aus der Realität. Einsichten und Erkenntnisse sind Interpretationen der Daten durch das Team – im Design Thinking werden diese Erkenntnisse auch Insights genannt.

Fordere das Team auf, zunächst die Goldstücke auf der Data Map zu finden, auf die sie einen Fokus legen wollen. Diese Nuggets sind Aussagen, die im Kontext der Design Challenge als besonders relevant erscheinen. Jedes Teammitglied hat eine eigene Stimme und bewertet die Relevanz aus seiner eigenen Perspektive. Die Bewertung der Relevanz entsteht emergent im Dialog des Teams. Da es dabei um Deutungen und Entscheidungen geht, ist jetzt äußerste Konzentration gefragt.

Nugget Frames helfen dem Team, einen Fokus auf die Fakten und Zitate aus den Interviews zu setzen, die sie für die weitere Bearbeitung als besonders relevant erachten.

Um die Auswahl zu erleichtern, gibst du jedem Teammitglied einen Nugget Frame in die Hand. Nugget Frames sind selbsthaftende Rähmchen, mit denen jedes Teammitglied seine Nuggets buchstäblich einrahmen kann.

Tipp: Nugget Frames herstellen[23]
Du kannst deine eigenen Nugget Frames herstellen, indem du große Haftnotizen im Format 203 × 152 mm einmal faltest, von der Falzkante her rechteckig ausschneidest und wieder auseinanderfaltest.

Bitte jedes Teammitglied, auf dem Nugget Frame zu notieren, warum es die jeweilige Haftnotiz eingerahmt hat. Durch diesen Schritt macht das Teammitglied seine persönliche Erkenntnis für die anderen sichtbar.

Sind alle Nugget Frames auf der Data Map platziert, erläutert jedes Teammitglied die Gründe für die gewählte Platzierung. Im Verlauf dieser Diskussion passiert es häufig, dass das Team einem bereits eingerahmten Frame weitere Haftnotizen zuordnet. Die Tabellenstruktur der Data Map, die zunächst hilft, den Überblick zu gewinnen, löst sich jetzt zusehends auf und wird umgeformt in thematische Cluster um die verschiedenen Insights herum.

Insights markieren per Nugget Framing

20 Minuten Session-Dauer

- 10 Minuten Timebox: Anleitung, Diskussion von Mustern und Erkenntnissen;
- 5 Minuten: Nugget Frames setzen;
- 5 Minuten: Nugget Frames beschriften.

Vorbereitung:

Pro Teilnehmer ein Nugget Frame auf Basis von großformatigen Haftnotizen 203 × 152 mm ausschneiden.

Persona des Nutzers konstruieren

Personas sind fiktive Repräsentanten spezifischer Nutzergruppen. Sie entstehen auf Grundlage der Ergebnisse qualitativer und quantitativer Nutzerforschung. Die

Persona ist ein Synthesewerkzeug. Sie hilft dem Team, Daten zu deuten und sich in die Perspektive des Nutzers einzufühlen. Daten und Annahmen über potenzielle Nutzergruppen werden einer fiktiven, nichtsdestotrotz realitätsnahen Person zugeordnet. Kurz gesagt: Mit der Persona machen wir uns ein Bild des Menschen, für den wir eine Lösung entwickeln wollen.

Idealerweise sind Personas auf Zahlen und Fakten aus der Marktforschung aufgebaut. Doch auch Personas, die ad hoc aus dem Wissen der Workshop-Teilnehmer konstruiert werden, helfen dem Team, sich mit Empathie in die Perspektive des Nutzers und dessen Wahrnehmung, Emotionen, Gedanken, Bedürfnisse und Motivationen einzufühlen. Im weiteren Designprozess dienen Personas als Hilfsmittel, um Informationen über Nutzer und ihre Bedürfnisse einfach und eindrücklich an Teams und Stakeholder zu kommunizieren.

Der Ursprung des Begriffs Persona

Das Tool Persona gehört zu den populärsten Designwerkzeugen überhaupt. Der Begriff Persona kommt aus dem Lateinischen und bedeutet Maske, sinngemäß auch gesellschaftliche Rolle oder Charakter. Er findet auch in der Gestaltpsychologie Verwendung, wo er die nach außen gezeigte Einstellung eines Menschen benennt.

Der Designberater Alan Cooper hat Personas 1998 in seinem Buch »The Inmates Are Running the Asylum«[24] zum ersten Mal im Designkontext erwähnt. Darin beschreibt Cooper, dass er im Rahmen eines Produktentwicklungsprozesses fiktive Charaktere für die verschiedenen Nutzertypen der Software einführt, um dem Team zu helfen, die Nutzerbedürfnisse über den Projektverlauf hinweg im Blick zu behalten.

Grundlage der Persona-Konstruktion kann ein echter Nutzer aus der Interview-Session sein, der typisch erscheint für die potenzielle Nutzergruppe. Alternativ kann die Persona auch aus den Eigenschaften mehrerer befragter Nutzer kombiniert werden.

Personas helfen dem Team, ein gemeinsames Bild der Nutzerbedürfnisse zu erarbeiten und sie im Verlauf der weiteren Arbeit im Blick zu behalten.

Personas haben keine vorgegebene Form. Online finden sich zahlreiche Gestaltungsvorlagen, die verschiedene Eigenschaften für die Erstellung der Personas vorgeben. Allerdings: Je mehr Eigenschaften von der Vorlage vorgegeben werden, desto eher besteht die Gefahr, dass das Team sich mit der Abarbeitung vorgegebener Eigenschaftskategorien aufhält, die für den jeweiligen Kontext ohne Bedeutung sind.

Das von uns entwickelte Vier-Quadranten-Persona-Template hält das Gleichgewicht von Granularität und Einfachheit, wie es in schnellen Design Thinking-Workshops gebraucht wird. Strukturell ist das Format auf den Folgeschritt abgestimmt, bei dem es darum geht, das zentrale Bedürfnis des Nutzers zu formulieren.

Jedes Team erhält zwei ausgedruckte Vorlagen der Persona-Vorlage, die jeweils in die Mitte eines Flipcharts gehängt werden. Jetzt kann das Team mit Haftnotizen die jeweiligen Quadranten füllen.

Ausgangspunkt für die Persona-Konstruktion sind die Insights, die das Team im Verlauf der Synthese aus den Fakten in den Nugget Frames der Data Map abgeleitet hat. Durch die Kontextualisierung auf die Persona reflektiert das Team nochmals die Relevanz der Insights. Außerdem trifft es eine Entscheidung, welche der Insights es weiter bearbeitet und welche es vorerst hinter sich lässt.

Biete den Teams eine Reihe von Porträtfotos an, die diese als Inspiration und Startpunkt für ihre Personas nutzen können. Dabei sollten echte Fotos aus der Feldforschung oder alltagsnahe, rechtefreie Fotos von Laien verwendet werden – Fotos aus professionellen Bildarchiven sind ungeeignet, da sie wenig realitätsnah wirken.

Tipp: Persona-Fotos bereitstellen

Das Bildarchiv Flickr.com ist eine gute Quelle für natürlich wirkende Personenbilder. Auch die Google Bildsuche kann weiterhelfen. Beide Dienste bieten Filter, um lizenzfreie Creative Commons Fotos zu finden und herunterzuladen. Stelle geeignete Fotos in Powerpoint zusammen und drucke diese für jedes Team aus. Achte bei der Auswahl auch auf den thematischen Kontext, für den du Fotos suchst. So wird eine Design Challenge, die sich um Handwerker dreht, andere Fotos benötigen als eine, die sich mit Schülern beschäftigt.

Im linken oberen Feld des Persona-Templates werden alle Attribute des Charakters gesammelt, mindestens aber ein Name und ein Alter. Diese Eigenschaften vermitteln oft schon eine erste Eingrenzung auf eine spezifische Nutzergruppe. Im nächsten Schritt überträgt das Team die Erkenntnisse aus dem Nugget Framing auf die Quadranten »Bedürfnisse«, »erwünschte Resultate« und »unerwünschte Resultate«. Übertragen werden nur die Erkenntnisse, die in den Kontext der Persona passen.

Tipp: Personas auf Teams verteilen

Arbeiten mehrere Teams aus verschiedenen Abteilungen oder Unternehmensbereichen in einem Workshop gemeinsam an einem unternehmensweiten Thema, zeigt sich häufig, dass alle ähnliche Personas konstruieren. Hier kann es sinnvoll sein, dass du einen Statusabgleich organisiert, um weniger relevante Personas oder Dubletten auszusortieren und jedem Team eine Persona als Fokus für die weitere Arbeit zuzuordnen.

Lasse im ersten Konzeptschritt nicht mehr als zwei Personas erstellen. Personas versuchen, die Komplexität von Nutzerbedürfnissen für den Designprozess handhabbar zu machen. Die Beschränkung auf wenige Personas hilft dem Team, den Fokus zu halten und schnell zu Ergebnissen zu kommen, indem es sich frühzeitig auf die wichtigsten Nutzergruppen konzentriert. Zwei Personas reduzieren die Komplexität auf zwei mögliche Perspektiven, lassen aber gleichzeitig Raum für die Ausleuchtung von Szenarien, bei denen mehrere Nutzergruppen beteiligte sind, zum Beispiel im Kontext von internen Change-Programmen, Business-to-Business oder öffentlicher Verwaltung.

Sofern das Team darauf besteht, mehr als zwei Personas zu entwickeln, gib dieser Forderung zunächst Raum. Häufig ist zu beobachten, dass Teams im laufenden Prozess zunächst wichtig geglaubte Personas hinter sich lassen, da sie erst in einer späteren Phase des Konzeptfindungsprozesses erkennen, welche Nutzergruppe für ihr Thema wirklich relevant ist. Allgemein kann man sagen, dass mehr Zeit für den Syntheseprozess benötigt wird, wenn mehr als zwei Personas pro Team erstellt werden – Zeit, die in unserem Innovationstarter-Workshop nicht verfügbar ist.

Um zu vermeiden, dass dem Team die Pferde durchgehen und es Personas erstellt, die ihren Klischees, nicht aber den tatsächlichen Erfahrungen und Daten aus der Forschung entsprechen, solltest du die Teams bitten, nach Fertigstellung kritisch zu überprüfen, ob sie glauben, dass die Menschen hinter den Personas tatsächlich existieren, und ob sich die Eigenschaften auf die Ergebnisse der Feldforschung zurückführen lassen.

Personas konstruieren

30 Minuten Session-Dauer

10 Minuten: Anleitung und Zeitpuffer;

20 Minuten Timebox: Persona-Template füllen.

Vorbereitung:

- Persona-Template unter dem folgenden Link herunterladen: bit.ly/jensottolange-persona;
- Persona-Template 2x pro Team in A4 oder A3 ausdrucken;
- Farbprints lizenzfreier Personenbilder mit Alltagstypen zur Auswahl bereitstellen;
- Scheren, Klebestifte bereitstellen.

5.6 Blickwinkel definieren

In der Point-of-View-Phase legen die Teams ihren Standpunkt fest. Sie präzisieren, aus wessen Sicht und in welchem konkreten Kontext sie die Herausforderung betrachten wollen. Um diesen Fokus für die Ideenfindung zu setzen, werden die bisherigen Erkenntnisse zusammengetragen, gegliedert und erneut priorisiert.

Es gibt unterschiedliche Formate für die Formulierung eines Point of View. Der direkteste Weg ist die Formulierung des Problem-Statements als »Wie können wir …«-Brainstorming-Frage, auch WKW-Frage genannt (auf Englisch HMW: How might we …). Die WKW-Frage präzisiert die Problemstellung lösungsoffen aus der Perspektive einer spezifischen Nutzergruppe. Die Formulierung folgt der folgenden Syntax:

»Wie können wir es schaffen, dass <Persona der Nutzergruppe> <Bedürfnis als Verb>, ohne dass/sodass <erwünschtes oder unerwünschtes Ergebnis>?«

Beispiel aus dem Kontext »Energie sparen«: »Wie können wir es schaffen, dass Norbert, 66, Strom einspart, sodass er zwanzig Prozent weniger Kosten hat?«

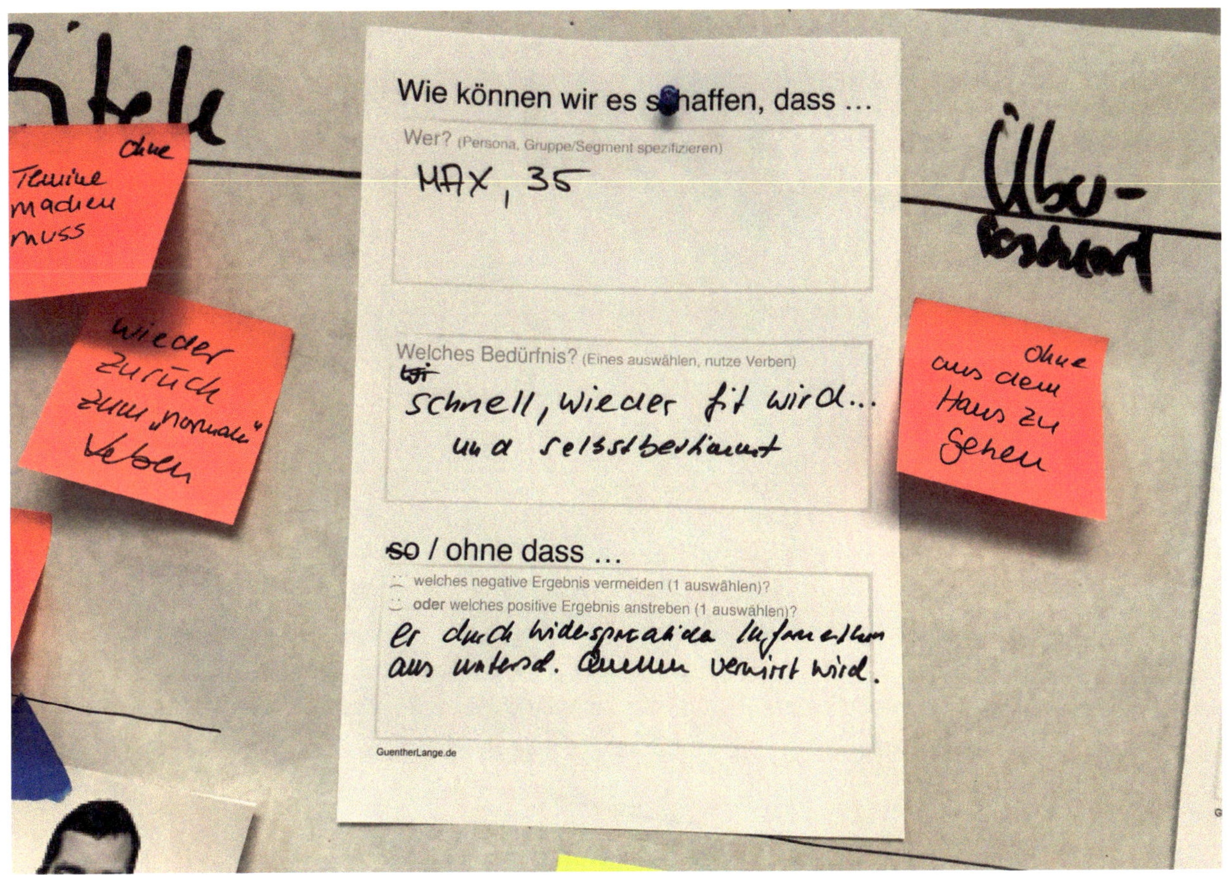

Mit der Formulierung der Wie-können-wir-Frage definiert das Team das Sprungbrett für die anschließende Ideenfindung. Lade unsere WKW-Vorlage als Hilfsmittel herunter.

Unsere WKW-Vorlage hilft dem Team bei der Formulierung. Mit Haftnotizen kann es verschiedene Varianten der WKW-Frage erstellen, bevor es sich entscheidet. Das Team trifft an dieser Stelle eine bewusste Entscheidung, die Herausforderung aus der Perspektive einer spezifischen Nutzergruppe zu formulieren, sie auf genau ein Bedürfnis zu verengen und dieses mit genau einer Ergebniserwartung zu verknüpfen – entweder ein erwünschtes Ergebnis, das angestrebt wird (»sodass«), oder ein unerwünschtes Ergebnis, das vermieden werden soll (»ohne dass …«).

Mit der Persona hat das Team die Nutzergruppe bereits definiert. Die übrigen Bestandteile der Frage wählt es aus den Bedürfnissen und Ergebniserwartungen der Persona aus, die es zuvor in den beiden unteren Quadranten der Persona-Vorlage formuliert hat. Auch ein Blick zurück auf die Nugget Frames der Data Map kann dem Team helfen, den richtigen Fokus zu finden.

Die Entscheidung für den Fokus auf eine sehr spezifische Problemformulierung ist der schwierigste Schritt im Design Thinking-Prozess. Erinnere das Team daran, dass es jetzt darum geht, eine möglichst plausible Annahme zu einem relevanten Nutzerbedürfnis zu treffen, um möglichst schnell zu einem testbaren Prototyp der Lösung zu gelangen.

Die Brainstorming-Frage sollte spezifisch, sprachlich einfach, eingängig und für jeden im Team einfach verständlich sein. Eine gute WKW-Frage sollte weder zu weit noch zu eng zu formuliert werden. Eine weit formulierte Frage führt zu wolkigen Ideen, die wenig konkret und daher kaum umsetzbar sind. Eine zu enge Frageformulierung wiederum verhindert wirklich neue Ideen. Was als zu weit und zu eng zu beurteilen ist, hängt vom jeweiligen Kontext ab. Ansammlungen von Adjektiven und Relativsätzen, die die Klarheit der Formulierung trüben, sollten vermieden werden, da sie eher verwirren als anregen. Bitte das Team, starke Verben zu nutzen und ihre Frage nach Fertigstellung laut vorzulesen. Als Faustregel sollte die Frage sprachlich so konstruiert sein, dass sie sofort zu ersten konkreten Ideen anregt.

Wie-können-wir-Frage konstruieren

15 Minuten Session-Dauer

5 Minuten: Anleitung und Zeitpuffer;

10 Minuten Timebox: WKW-Frage konstruieren.

Vorbereitung:

- Wie-können-wir-Template unter dem folgenden Link herunterladen: bit.ly/jensottolange-wkw;
- Pro Team einen A4-Ausdruck des WKW-Templates bereitstellen.

5.7 Ausklang Workshop-Tag 1

Schließe den Tag mit einer Retrospektive und einem Stand-up ab. Diese beiden Sessions wirst du auch an den Folgetagen nutzen, um den Workshop-Tag zu beenden. Auf diese Weise etablierst du ein Ritual, das den Teilnehmern hilft, ihre Zusammenarbeit zu reflektieren und eine klare Grenze zwischen Workshop und Alltag zu finden.

Teamwork verbessern mit Retrospektive

Retrospektiven sind ein Event-Format aus dem Scrum-Framework. Sie öffnen dem Team einen Raum, um über Zusammenarbeit zu reflektieren und Maßnahmen zur Verbesserung zu vereinbaren. Im Gegensatz zu Lessons Learned-Sessions im klassischen Projektmanagement, die nur einmal zum Abschluss des Projekts durchgeführt werden, werden Retrospektiven im Scrum regelmäßig nach Abschluss jedes Sprints durchgeführt.

Retrospektiven kannst du als Designfacilitator auch unabhängig von Scrum nutzen. In unserem Innovation-

Die Starfish-Methode hilft Teams in Retrospektiven bei der Reflexion ihrer Zusammenarbeit.

starter-Workshop nutzt du eine Kurzversion der Retrospektive, um den Teams die Gelegenheit zu geben, ihre Zusammenarbeit über die drei Tage – sowie darüber hinaus – laufend zu verbessern.

Bitte die einzelnen Teams, zum Ende des Tages über die bisherige Zusammenarbeit zu reflektieren. Als Trigger kannst du für jedes Team einen Starfish auf einem Flipchart vorbereiten. Die Starfish-Methode für Retrospektiven wurde von Patrick Kua[25] entwickelt und strukturiert das Feedback der Teammitglieder zur vorherigen Arbeitsphase in die Kategorien »start doing«, »more of«, »keep doing«, »less of« und »stop doing«.

Jedes Teammitglied nimmt sich einen Moment Zeit, um mit der Sketch-Say-Stick-Methode seine Punkte auf dem Starfish-Flipchart zu teilen. Um effektiv und fokussiert zu arbeiten, darf jedes Teammitglied maximal zwei Haftnotizen pro Kategorie erstellen – es muss aber nicht jede Kategorie gefüllt werden. Wesentliche Hindernisse für die Teamarbeit werden diskutiert und – wenn möglich – durch Vereinbarung konkreter Maßnahmen gelöst.

Teamwork verbessern mit Retrospektive

10 Minuten Session-Dauer

- 3 Minuten: Anleitung;
- 7 Minuten: Pro Team – jedes Teammitglied erstellt maximal zwei Haftnotizen pro Kategorie des Starfish und teilt diese mit dem Team, kurze Diskussion zu möglichen Verbesserungen.

Vorbereitung:

- Starfish-Template unter dem folgenden Link herunterladen: bit.ly/jensottolange-starfish-retro;
- Einen A4-Ausdruck pro Team in die Mitte eines Flipcharts hängen;
- Linien mit Marker zum Rand zum Starfish verlängern.

Tag schließen mit Stand-up

Schließe den ersten Workshop-Tag so, wie du ihn begonnen hast: Bitte die Teilnehmer, sich im Kreis für ein Stand-up aufzustellen. Erkläre ihnen, dass es am zweiten Tag darum geht, eine Lösungsidee zu entwickeln, die die Bedürfnisse des Nutzers bestmöglich befriedigt. Jetzt ist auch Gelegenheit für ein kurzes Blitzlicht des Tages. Verabschiede die Teilnehmer mit einem Hinweis auf die genaue Startzeit des Folgetages.

Tag schließen mit Stand-up

15 Minuten Session-Dauer

- Aufstellung im Kreis,
- Blitzlicht zum Tag abfragen.

5.8 Vorlage: Microtiming Tag 1

Zur Vorbereitung deines Workshops benötigst du ein genaues Microtiming für den ganzen Tag. Du kannst dich hierbei an der folgenden Vorlage orientieren. Wenn du spürst, dass für dein Projekt und für deinen Teilnehmerkreis ein Tag als Zeitrahmen nicht ausreicht, kannst du die Inhalte auch auf einen längeren Zeitraum verteilen.

Hier hast du als Moderator die volle Gestaltungsfreiheit. Für deine ersten Gehversuche empfehle ich dir, trotzdem zunächst mit dem Drei-Tages-Konzept des Innovationstarter-Workshops zu starten. Ein konzentrierter Sprint über drei aufeinander folgende Tage erleichtert dir, die Workshop-Gruppe im kreativen Flow zu halten, und verbessert die Qualität der Ergebnisse.

Die Teilnehmer erleben in einer gemeinsamen Lernerfahrung, wie sie schnell zu tragfähigen Ergebnissen gelangen. Das ist auch einer der Gründe, warum Design Thinking immer beliebter wird.

Unter dem Link bit.ly/jensottolange-innovationstarter-microtiming kannst du dir eine digitale Fassung der Vorlage herunterladen.

Innovationstarter Sprint – Microtiming Tag 1

Dreitägiges Workshop-Format zur Definition komplexer Projektvorhaben mit Design Thinking

Start	Dauer	Innovationstarter Tag 1: Problem präzisieren
9:30	**1:35**	Workshop-Set-up (Gesamtdauer ohne Pause)
9:30	0:15	Persönliche Begrüßung und Namensschild
9:45	0:15	Stand-up als Startritual
10:00	0:20	Steckbrief-Interview als Warm-up
10:20	0:05	Ziel und visuelle Agenda
10:25	0:15	Arbeitsvereinbarungen
10:40	0:10	Living Map für Teambuilding
10:50	0:15	Team-Check-in
11:05	0:15	Pause
11:20	**0:20**	Thema verstehen (Gesamtdauer)
11:20	0:20	Challenge Map; Option: Design Charrette
11:40	**1:50**	Nutzerforschung planen und durchführen (Gesamtdauer ohne Pause)

11:40	0:35	Interviews planen mit der Research Map
12:15	1:15	Mittagspause
13:30	1:15	Interviews durchführen
14:45	**1:05**	Nutzerforschung auswerten (Gesamtdauer ohne Pause)
14:45	0:45	Auswerten mit der Data Map
15:30	0:20	Insights markieren per Nugget Framing
15:50	0:15	Pause
16:05	0:30	Persona des Nutzers konstruieren
16:35	0:15	Blickwinkel definieren mit der Wie-können-wir-Frage
16:50	0:15	Pause
17:05	**0:25**	Ausklang Workshop-Tag 1 (Gesamtdauer)
17:05	0:10	Teamwork verbessern mit Retrospektive
17:15	0:15	Tag schließen mit Stand-up
17:30		Ende

Innovationstarter Tag 2: Lösung entwickeln

6.1 Entwirf eine Lösung

Am zweiten Tag des Innovationstarter-Workshops erarbeiten die Teams eine Antwort auf die Frage, die sie am Ende des ersten Tages formuliert haben. Nach der anstrengenden Denkarbeit der Problemanalyse und -präzisierung geht es jetzt um Kreativität und das spielerische Entwickeln von Lösungsideen, die als Prototypen konkretisiert und getestet werden.

6.2 Stand-up und Team-Check-in

Starte den zweiten Tag wie den ersten. Bitte die Teilnehmer, sich im Kreis aufzustellen. Zum Start kannst du die drei klassischen Fragen eines Daily Stand-ups – ein Scrum-Event – stellen: Was hast du aus dem Vortag mitgenommen? Was willst du heute erreichen? Gibt es Blocker, die dich aufhalten? Gib den Teams danach fünf Minuten Zeit für einen kurzen Team-Check-in, in dem sie sich reihum fragen, wie es ihnen heute geht.

Stand-up und Team-Check-in

20 Minuten Session-Dauer

- 15 Minuten maximal Stand-up;
- 5 Minuten Timebox: Team-Check-in.

6.3 Ideen generieren

Viele verbinden Design Thinking zuallererst mit Kreativ-Sessions voller bunter Haftnotizen. Dabei gehört die Ideenfindung, die sogenannte Ideation, zu den kürzesten Phasen des Design Thinking-Prozesses. Jetzt geht es darum, mithilfe von Kreativitätstechniken möglichst viele Lösungsideen zu entwickeln und einige für die weitere Bearbeitung auszuwählen, um das Bedürfnis des Nutzers bestmöglich zu befriedigen. Für die Phase der Ideation kann man sich frei aus dem reichhaltigen Angebot an teambasierten Kreativitätstechniken bedienen. Für unseren Innovationstarter-Workshop haben wir drei alternative Kreativitätstechniken zusammengestellt, die sich immer wieder bewährt haben: Crazy 8s, 6-3-5-Brainwriting und das Think-Aloud-Brainstorming. Unser Favorit ist die Crazy-8s-Technik, da sie am schnellsten zu konkreten Ergebnissen führt. Doch jede Teilnehmergruppe tickt ein wenig anders. Probiere am besten selbst aus, welche Technik mit deiner Gruppe am besten funktioniert.

Erfolgsprinzipien der Ideenfindung

Allen Kreativitätstechniken ist gemeinsam, dass es für Ungeübte hilfreich ist, im Vorfeld der Ideation die Regeln der Ideenfindung zu kennen. Hier sind die sechs wichtigsten:

Nicht urteilen

Wertende Bemerkungen sind während der Kreativsession nicht erlaubt, weil sie im Team den freien Fluss von Assoziationen und Ideen hemmen. Bewertungen spart sich das Team für die Phase der Ideenselektion und der damit verbundenen Diskussion auf. Bitte das Team, während der Kreativsession auf die Floskel »Ja, aber … « zu ver-

Mit der Vorstellung der Ideenfindung hilfst du den Teilnehmern, sich auf die Kreativsession einzustimmen.

zichten – sie suggeriert Zustimmung, leitet in Wirklichkeit aber eine Ablehnung des Gesagten ein.

Auf Ideen anderer aufbauen

Der wichtigste Grund, warum Ideen in cross-funktionalen Teams entwickelt werden, ist die wechselseitige Inspiration durch die verschiedenen Blickwinkel. Das Stehlen und Verbessern bereits genannter Ideen ist ausdrücklich erwünscht, denn im Grunde sind alle Ideen Neukombinationen und Erweiterungen von Bestehendem. Daher ermuntere die Teilnehmer, jeden Ideenimpuls zuzulassen – auch wenn sie das Gefühl haben, er sei in ähnlicher Form schon genannt worden.

Mehr ist mehr!

In Kreativsessions geht es nicht um Qualität, sondern um Quantität. In kurzer Zeit sollen so viele Ideen wie möglich entstehen, aus denen die besten ausgewählt werden können.

Verrückte Ideen

Bei der Ideenfindung geht es nicht darum, was möglich und machbar ist. Die Fantasie darf voll und ganz ihrem freien Lauf folgen. Auch absurde und verrückte Ideen sind zulässig. Sie geben Anstöße für ungewöhnliche Denkrichtungen und lassen sich zuweilen auch auf realistische Ideen herunterbrechen, auf die man ansonsten nicht gekommen wäre.

Zeige Bilder

Ein Bild sagt mehr als tausend Worte. Bitte die Teilnehmer, ihre Ideen visuell darzustellen. Oder wähle von vornherein eine Kreativitätstechnik, die das visuelle Denken anregt (zum Beispiel Crazy 8s).

Beim Thema bleiben

Die Brainstorming-Frage, die das Team als Point of View formuliert hat, umreißt das Thema. In der Kreativ-Session geht es um Antworten auf diese Frage.

Regeln der Ideenfindung vorstellen

5 Minuten Session-Dauer

Vorbereitung:
Flipchart oder Slide mit den Regeln der Ideenfindung

Warm-up für Sketching

Bevor du mit den Teilnehmern in die Kreativsession startest, erzeugst du mit dem Warm-up »Äpfel zeichnen«[26] die spielerische Lockerheit, die für solche Sessions notwendig ist. Da wir im Anschluss an dieses Warm-up eine visuelle Kreativitätstechnik anwenden wollen, bei der die Teilnehmer ihre Ideen als Bild skizzieren, geht es bei diesem Warm-up darum, ihnen die Angst davor zu nehmen, dass ihr zeichnerisches Talent dafür nicht ausreichen könnte.

Stelle auf der einen Seite des Raums zwei Flipcharts nebeneinander auf. Zeichne jeweils eine Tabelle mit vier Spalten und sechs Zeilen darauf. Markiere mit Kreppband auf der gegenüberliegenden Seite eine Startlinie auf dem Boden. Teile die Workshop-Gruppe in zwei in etwa gleich große Teams auf. Organisiere die beiden Gruppen hintereinander in einer Reihe hinter der Startlinie – wie bei einem Staffellauf. Drücke dem jeweils ersten in der Reihe einen Stift in die Hand. Erläutere, dass es jetzt darauf ankommt, innerhalb von drei Minuten möglichst viele Worte als Bild zu zeichnen, die das Wort »Apfel« enthalten (zum Beispiel Apfelkuchen, Augapfel ...). Nach Start des Timers läuft der Erste in der Reihe zum Flipchart des Teams und zeichnet so schnell es geht ein Bild für das erste Wort. Danach läuft er zurück, reicht den Stift weiter an den Nächsten in der Reihe und stellt sich hinten an. Das Warm-up ist beendet, sobald drei Minuten abgelaufen sind oder eine der Gruppen alle vierundzwanzig Felder der Tabelle auf dem Flipchart gefüllt hat. Abschließend gehst du die Flipcharts Schritt für Schritt durch, um zu prüfen, ob es Dubletten oder nicht gültige Worte gibt. Das Team mit den meisten Zeichnungen gewinnt.

Anstelle des Begriffs Apfel kannst du auch andere einfache Worte wie »Ei« oder »Karte« verwenden.

Warm-up für Sketching

9 Minuten Session-Dauer

- 3 Minuten: Anleitung;
- 3 Minuten: Jedes Team zeichnet so viele Worte mit Apfel wie möglich.
- 3 Minuten: Der Designfacilitator überprüft und zählt die Ergebnisse. Das Team mit den meisten Zeichnungen gewinnt.

Vorbereitung:

- Zwei Flipcharts nebeneinander auf einer Raumseite aufstellen, 4 × 6-Tabelle auf jedes der Flipcharts zeichnen.
- Startlinie mit Kreppband auf gegenüberliegender Raumseite anlegen

Ideen finden mit Crazy 8s

Crazy 8s ist eine visuelle Kreativitätstechnik, die mit dem Google Design Sprint[27] bekannt wurde. Die Methode ist sehr effektiv, da sie durch die bildhafte Darstellung von Ideen sehr schnell ins Konkrete führt. Wir haben sie für unseren Workshop leicht vereinfacht.

Selbst nach einem Warm-up wie »Äpfel zeichnen« reagieren viele Menschen zunächst ablehnend, wenn sie hören, dass sie Skizzen ihrer Ideen erstellen sollen, weil sie glauben, dass dafür besonderes zeichnerisches Talent nötig sei. Betone daher in deiner Anleitung, dass es nicht darum geht, Kunstwerke zu schaffen, sondern Ideen unter Zeitdruck visuell auszudrücken. Erinnere auch daran, dass wir alle als Kind in der Lage waren, Bilder zu malen. Gehe dann gleich in Aktion über. Zeige den Teilnehmern, wie sie einen A4-Papierbogen drei Mal zusammen- und wieder auseinanderfalten, um acht rechteckige Falz-Rähmchen zu erzeugen.

Teams arbeiten unterschiedlich schnell. Vergib die Rolle des Timekeepers im Team, sodass jedes Team die dreißig Minuten, die insgesamt für diese Session zur Verfügung stehen, selbst organisieren kann.

Crazy 8s ist eine visuelle Kreativitätstechnik, die das Denken in Bildern anregt und schnell zu konkreten Ergebnissen führt.

Erkläre den Teams, dass es jetzt darum geht, in sechs Minuten bis zu acht Ideen zu malen. Die Ideenskizzen müssen keinen Bezug zueinander haben. Es geht darum, die eigenen Ideen möglichst schnell aufs Papier zu bringen. Das Team sitzt für diese Aufgabe idealerweise an einem Tisch. Der Timekeeper sorgt dafür, dass die sechs Minuten Zeichenzeit gestoppt werden.

Bitte das Team, ihre Wie-können-wir-Frage vor dem Start der Zeit laut vorzulesen und letzte Verständnisfragen zu klären. Dann startet der Timekeeper mit einem Time Timer die sechs Minuten Zeichenzeit.

Die sechs Minuten sollten unbedingt eingehalten werden. Es machst nichts, wenn das Blatt dabei nicht voll wird. Nach Ablauf der sechs Minuten hängen alle Teammitglieder ihre Skizzen als Galerie an eine Pinnwand. Jeder stellt nach und nach den anderen seine Ideen vor, indem zunächst das adressierte Problem und dann die dazugehörige Lösung vorgestellt wird. Nach der Vorstellung gibt das Team sofort Feedback.

Sind alle Ideen diskutiert, erhält jeder drei Klebepunkte, um die besten Ideen auszuwählen. Die Klebepunkte können auch auf einzelne Details der Skizzen platziert werden, um auszudrücken, dass der Klebepunkt nur für ein Detail der Skizze gelten soll. Die Klebepunkte werden nach Möglichkeit gleichzeitig und in Stillarbeit verteilt.

Bitte die Teams, die Skizzen mit den meisten Klebepunkten auszuschneiden. Sie dienen als Input für das Prototyping.

Crazy 8s visuelles Brainstorming

40 Minuten Session-Dauer

- 3 Minuten: Anleitung;
- 6 Minuten: Jeder im Team zeichnet bis zu acht Ideenskizzen.
- 24 Minuten: Galerie der Zeichnungen, jeder stellt reihum Ideen vor, direktes Feedback.
- 7 Minuten: Beste Ideen bepunkten und ausschneiden.
- Jedes Team organisiert sein Timing selbst.

Vorbereitung:

- A4-Papier für alle Teilnehmer,
- Tische für die Teams,
- Marker,
- Klebepunkte,
- Time Timer für jedes Team.

Option: 6-3-5-Brainwriting

Alternativ kannst du auch die 6-3-5-Brainwriting-Methode anwenden. 6-3-5-Brainwriting ist eine stille, schriftliche Kreativitätstechnik. Biete diese Technik an, wenn du Ruhe und Konzentration im Team befördern möchtest. Die Technik ist einfacher zu moderieren als Crazy 8s. Das Ergebnis sind Haftnotizen mit Ideen.

Die Methode wurde in ihrer Urform 1968 von Bernd Rohrbach[28] entwickelt. Die Bezeichnung 6-3-5 steht ursprünglich für sechs Gruppenmitglieder, die in fünf Runden jeweils drei Ideen pro Runde produzieren. Dafür tauschen sie jeweils das Arbeitsblatt gegen eines, das sie noch nicht bearbeitet haben, um – inspiriert durch die bereits vorhandenen – drei weitere Ideen zu erzeugen.

Unsere Variante von 6-3-5 haben wir mit Haftnotizen flexibilisiert, um unterschiedliche Teamgrößen und Arbeitsgeschwindigkeiten abzubilden.

Bei der Kreativitätstechnik 6-3-5-Brainwriting wird geschrieben statt gesprochen. Die Teilnehmer nutzen die Ideen anderer als Inspiration für neue Ideen.

Bereite für jedes Teammitglied einen A4-Bogen vor, auf dessen kurzer Seite drei quadratische Haftnotizen aufgeklebt sind – idealerweise für jedes Teammitglied in unterschiedlichen Farben. Für die Session können die Teams entweder an einem Tisch oder an der Wand mit dort aufgehängten Bögen arbeiten.

Stelle den Teams vor Start der Session die Regeln der Ideenfindung vor. Erneut ist die Wie-können-wir-Brainstorming-Frage Ausgangspunkt der Session. Bitte die Teams, vor dem Start der Session die Frage in Sichtweite aufzuhängen und noch einmal laut vorzulesen, um letzte Verständnisfragen und Formulierungsunschärfen zu klären.

Erkläre, dass es darum geht, in zwölf Minuten möglichst viele Lösungsideen als Antwort auf die Wie-können-wir-Frage zu erzeugen. Dafür füllt jeder die drei Haftnotizen auf seinem Bogen mit drei verschiedenen Ideen – aufschreiben ist gut, ein Bildchen malen ist noch besser. Sind die drei Haftnotizen mit Ideen gefüllt, wird ein neues Blatt bearbeitet. Dabei dienen die Ideen, die bereits auf dem Bogen kleben, als Inspiration. Die neuen Ideen müssen in keinem Zusammenhang mit den vorhergehenden stehen – es geht nur darum, das Um-die-Ecke-Denken anzuregen.

Sobald jeder jeden Bogen bearbeitet hat, spätestens aber mit Ablauf der zwölfminütigen Timebox, ist die Phase der Ideengenerierung beendet. Für einen besseren Überblick werden die Haftnotizen auf einer großen Pinnwand gesammelt und schließlich thematisch geclustert. Überschriften werden erst gebildet, nachdem die Cluster vollständig gruppiert sind.

Tipp: Cluster-Raster anbieten

Willst du dem Team beim Clustern helfen, bereite eine Pinnwand mit drei horizontalen Strichen vor, sodass fünf Spalten entstehen. Die fünf Spalten helfen dem Team, die Haftnotizen räumlich in Clustern zu organisieren. Werden mehr als fünf Cluster benötigt, wird das Team auch ohne dein Zutun pro Spalte mehrere Cluster übereinander gruppieren.

Vor der Bewertung werden die Ideen geclustert, danach werden Überschriften zugeordnet.

Für die Auswahl der besten Ideen erhält jedes Teammitglied vier bis sechs Klebepunkte, die frei auf den konkreten Ideen – nicht jedoch auf den abstrakten Cluster-Titeln – verteilt werden dürfen. Cluster-Titel sind zu allgemein, sodass sie bei der Auswahl der Ideen nicht weiterhelfen. Bei der Bepunktung können auch mehrere Klebepunkte auf eine einzige Haftnotiz platziert werden. Die Ideen mit den meisten Punkten werden herausgezogen und gegebenenfalls erneut gruppiert. Häufig lassen sich Ideen zu einem Lösungskonzept kombinieren.

Wenn es besonders schnell gehen muss, kann jeder im Team auch genau eine Haftnotiz mit einer Idee auswählen. Dieses Verfahren benötigt weniger Zeit als die Auswahl mit Klebepunkten.

In der Regel entscheidet das Team in freier Diskussion vor der Ideenselektion, welche Kriterien es für die Auswahl anlegen möchte. Möglich ist aber auch, dass die Auswahlkriterien bereits im Vorfeld festgelegt werden.

Option: 6-3-5-Brainwriting

40 Minuten Session-Dauer

- 4 Minuten: Vorbereitung,
- 12 Minuten: Brainwriting,
- 12 Minuten: Clustern im Team,
- 12 Minuten: beste Ideen bepunkten.

Vorbereitung:

- A4-Papier für jeden Teilnehmer, beklebt mit drei quadratischen Haftnotizen an Breitseite;
- Marker, Haftnotizen,
- Klebepunkte,
- Time Timer für jedes Team.

Option: Think-Aloud-Brainstorming

Das Think-Aloud-Brainstorming gehört zu den populärsten Kreativitätstechniken, weil es sehr einfach und ohne große Vorbereitung anwendbar ist. Ähnlich wie das 6-3-5-Brainwriting erzeugt es Haftnotizen mit Ideen.

Jedes Teammitglied erhält einen Block mit Haftnotizen und einen Stift. Das Team platziert sich stehend vor einer Wand oder einer Pinnwand.

Auch vor dem Start dieser Kreativitätstechnik ist es sinnvoll, die Regeln der Ideenfindung vorzustellen und das Team zu bitten, die Wie-können-wir-Frage sichtbar aufzuhängen und laut vorzulesen.

Lasse die Teams den Time Timer auf zwölf Minuten einstellen. Jetzt klebt jeder nach der Sketch-Say-Stick-Methode Haftnotizen an die Wand: Erst Ideen zeichnen oder aufschreiben, dann laut aussprechen und schließlich ankleben, sodass jeder dem Ideenfluss folgen kann und in die Lage versetzt wird, weitere Ideen darauf aufzubauen.

Bei unerfahrenen Teams ist häufig zu beobachten, dass sie sitzen bleiben, Ideen nicht laut vorlesen oder zögern, ihre Ideen auf die Fläche zu kleben. Weise das Team sofort darauf hin. Ansonsten kann es passieren, dass jedes Teammitglied zunächst im Stillen Ideen aufschreibt und sammelt, um sie im Anschluss zu präsentieren. Auf diese Weise verpasst das Team die Chance, sich wechselseitig zu inspirieren und einen freien Fluss von Ideen zu erzeugen.

Körperliche Bewegung regt den Ideenfluss zusätzlich an. Willst du noch mehr Schwung in das Think-Aloud-Brainstorming bringen, kannst du das Team bitten, in der zweiten Hälfte des Brainstormings in den Bodystorming-Modus zu wechseln: Das Team bewegt sich im Kreisverkehr an der Pinnwand vorbei. Jedes Mal, wenn das Board oder die Wand passiert wird, wird eine neue Haftnotiz aufgeklebt und kommentiert. Noch lustiger wird es, wenn die Teammitglieder dabei auf einem Bein hüpfen, rückwärts laufen oder sich bei jeder Passage um die eigene Achse drehen.

Beim Think-Aloud-Brainstorming kleben alle Teammitglieder ihre Ideen auf eine große Fläche, nachdem sie sie für alle hörbar laut ausgesprochen haben.

Nach Ablauf der Timebox entspricht das Verfahren dem 6-3-5-Brainstorming: thematisch clustern, die Cluster mit Überschriften versehen, vier bis sechs Klebepunkte verteilen, um die besten Ideen auszuwählen, hoch bepunktete Ideen herausziehen und gegebenenfalls kombinieren.

Option: Think-Aloud-Brainstorming

40 Minuten Session-Dauer

- 4 Minuten: Vorbereitung,
- 12 Minuten: Brainstorming vor Pinnwand im Stehen, oder bewegt im Kreisverkehr;
- 12 Minuten: Clustern im Team,
- 12 Minuten: beste Ideen bepunkten.

Vorbereitung:

- Pinnwand oder Whiteboard,
- Marker, Haftnotizen,
- Klebepunkte,
- Time Timer für jedes Team.

6.4 Prototypen entwickeln

Im Design Thinking werden Artefakte, die uns helfen, Lösungsideen zu konkretisieren, als Prototyp bezeichnet. Prototypen machen Lösungsideen anschaulich und anfassbar – angefangen von der einfachen Servietten-Skizze bis hin zu ausgearbeiteten Objekten, die in Aussehen und Funktion schon weitgehend der späteren Lösung entsprechen. Da der Fokus von Design Thinking auf der frühen Konzeptfindungsphase von Lösungen liegt, liegt der Schwerpunkt auf niedrig auflösenden, groben Rapid Prototypes. Sie helfen den Teilnehmern, ihre Ideen auszudrücken, um sie einander und Dritten zu erklären und mit Nutzern zu testen. Prototypen entstehen durchs Ausprobieren und Spielen mit verfügbaren Materialien. Die Teams denken mit ihren Händen, während sie mit Materialien und Werkzeugen arbeiten, um ihre Ideen zu konkretisieren.

Die Prototyping-Phase hebt die Stimmung im Workshop. Die Teams haben zu diesem Zeitpunkt bereits eine Weile zusammengearbeitet und dabei Vertrauen zueinander aufgebaut. Der haptische Umgang mit den Materialien macht Spaß und entspannt. Lachen und Bewegung im Raum nehmen spürbar zu.

In unserem Workshop Innovationstarter erstellen wir Prototypen in maximal drei Iterationen: Im ersten Schritt entwickeln die Teams ein Storyboard[29] als Prototyp, das erzählt, wie die künftige Lösung funktioniert. Das Storyboard liefert dem Team den Bezugsrahmen, um im zweiten Schritt die eigentliche Lösung als analoges Artefakt auszuarbeiten. Sofern noch Zeit für einen dritten Schritt übrig ist, kann das Team seinen Prototyp mit geeigneten Prototyping-Tools digitalisieren.

Erste Iteration: Prototyp als Storyboard der Heldenreise

Die Heldenreise ist ein dramaturgisches Muster aus der Literaturwissenschaft, das uns hilft, neue Lösungen in leicht verständliche Geschichten zu verpacken. Die Anregung für dieses Storytelling-Werkzeug stammt aus dem Buch von Christopher Vogler[30], einem Standardwerk für Drehbuchautoren. Vogler bezieht sich darin auf Märchen- und Mythenforscher:

»Alle Geschichten bestehen aus einer Handvoll stets wiederkehrender Bauelemente, die uns auch in Mythen, Märchen, Träumen und Filmen immer wieder begegnen.«

Die uralten Erzählmuster helfen uns, Empathie mit den Charakteren der Geschichte aufzubauen und ihr Handeln schnell zu verstehen. Sie aktivieren unsere Fähigkeit, die Emotionen und Gedanken anderer Menschen zu erkennen, zu verstehen und sie nachzuempfinden.

Die neuere Hirnforschung bestätigt die Bedeutung des Storytelling für die mediale Vermittlung von Inhalten. Pure Daten und Fakten aktivieren die für den Verstand zuständigen Gehirnregionen für Sprachverständnis und Sprachverarbeitung, wogegen Geschichten über die zusätzliche Aktivierung unserer Sinne für Berührung, Bewegung, Gerüche, Geräusche, Farbe und Gestalt auch Gefühle übertragen.

Drehbuchautoren liefert das Erzählmuster der Heldenreise einen roten Faden, der ihnen hilft, Geschichten zu schreiben, die mit hoher Wahrscheinlichkeit als Roman, Film oder Fernsehserie erfolgreich sind. Wir nutzen das Erzählmuster der Heldenreise, um unsere Lösungsideen für neue Produkte, Services und Unternehmensprozesse in den Kontext einer Geschichte einzubetten, sodass sie auch von am Entstehungsprozess Unbeteiligten wie Stakeholdern und Testpersonen verstanden werden.

Das Muster der Heldenreise von Christopher Vogler gliedert die Reise des Hauptcharakters – des Helden, mit dem wir uns identifizieren – in insgesamt zwölf Stationen, die sich über die drei Phasen Exposition, Konflikt und Auflösung erstrecken. Für unsere Zwecke haben wir eine Gestaltungsvorlage für eine vereinfachte Heldenreise mit sechs Stationen entwickelt. Jede Station wird als Cartoon visualisiert, sodass wir hier auch von einem einfachen Storyboard sprechen können.

Die Vorlage hat sich in unseren Workshops hervorragend bewährt, um aus den Ideen und Skizzen, die in der Phase der Ideenentwicklung mit Kreativitätstechniken erzeugt wurden, eine nachvollziehbare Geschichte zu konstruieren, die einfach vermittelt werden kann. Dabei durchläuft unser Held auf seiner Reise zur Heldwerdung die folgenden sechs Stationen:

1. Gewohnte Welt

Der situative Kontext des Helden wird dargestellt. Wer ist der potenzielle Nutzer der Lösung? In welcher Situation lernen wir ihn kennen? Als Charakter für den Helden nutzen wir die Persona, die wir in der Phase des Beobachtens und Einfühlens entwickelt haben.

2. Ruf zum Abenteuer

Ein Problem taucht auf, das den Nutzer aus der Routine seiner gewohnten Welt reißt. Er muss handeln, um das Problem zu lösen.

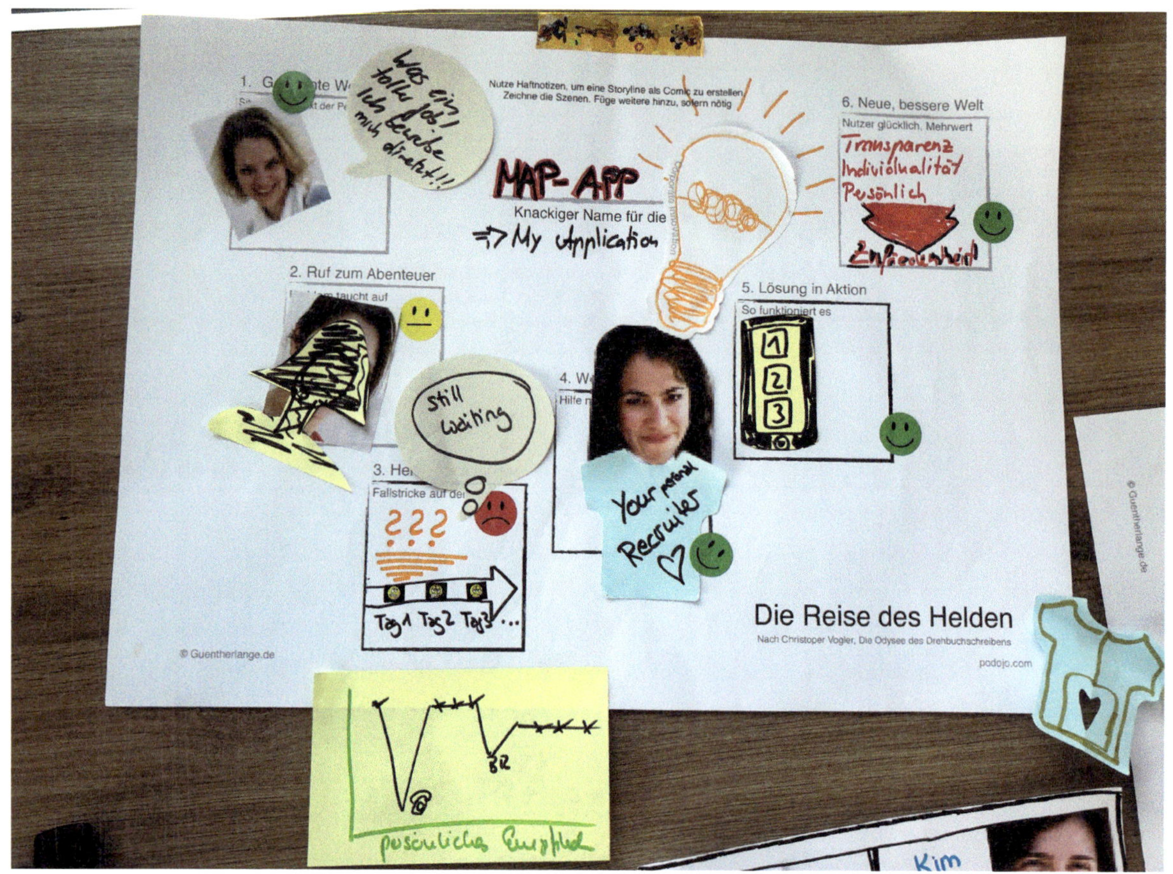

Teams können die Vorlage der Heldenreise nutzen, um ihre Ideen zu einer einfach vermittelbaren Geschichte aus der Zukunft weiterzuentwickeln.

3. Herausforderungen

Das Problem lässt sich nicht so einfach lösen wie gedacht. Auf dem Weg zur Lösung gibt es viele Herausforderungen zu überwinden, an denen der Nutzer zum Helden reift.

4. Wertversprechen

Hilfe naht, denn die Lösung bietet sich an. Der Nutzer prüft das Lösungsversprechen und beschließt, die Lösung auszuprobieren.

5. Lösung in Aktion

Der Nutzer probiert die Lösung aus – wir schauen zu und lernen dabei, wie sie funktioniert.

6. Neue, bessere Welt

Happy End! – Der Nutzer der Lösung freut sich, dass er die Herausforderung bewältigt und ein neues Niveau erreicht hat: Er ist zum Helden gereift.

Die Vergabe eines eingängigen Konzeptnamens erleichtert die Kommunikation des Konzepts. Insbesondere für Prozess- und Service-Innovationen, bei denen der Prototyp eine zeitliche Abfolge darstellen muss, hilft die Heldenreise bei der Konkretisierung der Idee. Bei digitalen und physischen Produkten hilft sie uns, den Anwendungskontext zu verstehen.

Prototyp als Storyboard der Heldenreise

20 Minuten Session-Dauer

- 3 Minuten: Anleitung mit Beispiel-Heldenreise;
- 17 Minuten Timebox: Ausarbeitung Heldenreise durch das Team, knackiger Name für Konzept.

Vorbereitung:

- Template und Beispiel der Heldenreise unter dem folgenden Link herunterladen: bit.ly/jensottolange-heldenreise;
- A3-Ausdruck des Beispiels und Vorlage pro Team bereitstellen;
- Marker, quadratische Haftnotizen.

Zweite Iteration: Prototyping mit Papier, Objekten oder Lego

Die Heldenreise beschreibt den Kontext der Lösungsidee und macht sie erlebbar – sie erzählt eine Geschichte aus der Zukunft. Je konkreter die Teams sich den Kontext ihrer Idee vorstellen, desto einfacher gelingt es ihnen, die weiteren Details der Lösungsidee auszuarbeiten.

Für die zweite Iteration des Prototyps bittest du die Teams, für die Darstellung von Wertversprechen (vierte Station der Heldenreise) und Funktionsweise (fünfte Station der Heldenreise) der Lösungsidee weitere Artefakte als Zoom in die Details der Lösung auszuarbeiten. Diese Artefakte können wir auch als Requisiten der Heldenreise begreifen. Es gibt eine Vielzahl von Möglichkeiten, Lösungsideen in der frühen Konzeptphase als einfache Prototypen umzusetzen. In unserem Workshop konzentrieren wir uns auf Prototyping mit Papier, vorgefundenen Objekten und Lego sowie auf die Weiterentwicklung der Heldenreise zum medialen Prototyp für den Test mit Nutzern und den Pitch vor Stakeholdern – als Schauspiel, Bildergeschichte oder Film.

Screen Flow mit Papier-Prototyp

Das einfachste, schnellste und beliebteste Prototyping-Werkzeug ist Papier. Das gilt insbesondere für digitale Lösungsideen, denn ein Bildschirm ist schnell skizziert.

Manchmal genügt eine einzige Skizze, um eine Lösungsidee zu konkretisieren. Oft arbeiten Teams mit Papierprototypen auch eine Abfolge aus mehreren Screens aus, um eine Sequenz besonders relevanter Interaktionen zwischen Nutzern und digitaler Lösung zu visualisieren – zum Beispiel den Weg von der Suchmaschine zur Produktdetailseite einer Website oder den Weg vom Begrüßungsscreen einer App, der Erstnutzern kurz und knapp die Vorteile und nächsten Schritte der Bedienung erklärt, bis zur erfolgreichen Registrierung.

Ein Screen Flow stellt die Abfolge der Bildschirmseiten einer digitalen Lösung dar, die beim Durchspielen eines gegebenen Anwendungsfalls nacheinander vom Nutzer aufgerufen werden.

Erkläre den Teams, wie sie den Screen Flow in einem teaminternen Rollenspiel mit drei Rollen entwickeln: Ein Teammitglied nimmt die Rolle der Persona des Nutzers ein. Ein weiteres Teammitglied spielt die Rolle der digitalen Lösung, als wäre diese ein eigener Charakter, und ein drittes zeichnet die benötigten Screens. Dabei kommt es nicht auf die zeichnerische Ausarbeitung an, sondern auf die Visualisierung erster Ideen. Gibt es mehrere Personas, kann jeweils ein weiteres Teammitglied eine Rolle übernehmen.

Startend von der Ausgangssituation der Heldenreise fragt der Rollenspieler, der die digitale Lösung darstellt, den Nutzer, was er im nächsten Schritt auf dem Screen erwartet. Der Zeichner erstellt auf Grundlage der Antwort eine grobe Skizze und zeigt diese dem Nutzer, um zu prüfen, ob der Screen dessen Vorstellung entspricht. Ist die erste Skizze inhaltlich abgestimmt, fragt der Spieler der digitalen Lösung den Nutzer erneut: »Was erwartest du auf dem nächsten Screen?« Wieder erstellt der Zeichner einen Entwurf. Das Team fährt fort, bis ein Screen Flow entstanden ist, der die wichtigsten Details darstellt. Hilfreich für die Erstellung von Papierprototypen sind Papiervorlagen, die die Proportionen und Pixelmaße aktueller Bildschirmformate von Smartphones, Tablets und Rechnern darstellen.

Papier-Prototyp als Screen Flow

20 Minuten Session-Dauer

- 3 Minuten: Anleitung mit Beispielen;
- 17 Minuten Timebox: Ausarbeitung Papier-Prototyp durch Team.

Vorbereitung:

- A4-Papier bereitlegen;
- optional auch Gestaltungsvorlagen für Bildschirme (Smartphone, Tablet, Rechner) unter dem folgenden Link herunterladen und ausdrucken: bit.ly/jensottolange-screen-templates.

Option: Piecemeal-Prototyp

Piecemeal-Prototypen sind eine Prototyping-Option für Ideen, die hardware-orientiert sind oder einen Service darstellen, der digitale Elemente mit Hardware verknüpft.

Piecemeal steht für »stückweise« und bedeutet, einen funktionalen Prototyp der Lösung aus bestehenden Software-Anwendungen zu kombinieren. Bei physischen Prototypen können Mobiliar und Objekte aus dem Workshop-Raum zweckentfremdet werden. Zusätzlich können Teams für den Bau auch klassische Rapid-Prototyping-Materialien wie Pappe, Papier und Kreppklebeband verwenden. Ein Beispiel ist die Simulation eines Überholwarnsystems für Autos mit einem Bürostuhl, an den ein Außenspiegel montiert wird.

Ein Piecemeal-Prototyp entsteht als Collage aus bestehenden Services und Objekten, die im Workshop-Raum verfügbar sind.

Piecemeal-Prototyp mit vorhandenen Objekten

20 Minuten Session-Dauer

- 3 Minuten: Anleitung mit Beispielen;
- 17 Minuten Timebox: Ausarbeitung Piecemeal-Prototyp durch Team.

Vorbereitung:

Prototyping-Materialien bereitstellen (vergleiche Seite 100).

Option: Lego-Prototyp

Prototypen aus Lego eignen sich insbesondere für die Darstellung von Lösungen, bei denen eine Draufsicht auf eine Struktur oder einen Raumplan erarbeitet werden soll.

Draufsichten auf räumliche Konstellationen und Strukturen lassen sich sehr einfach mit Lego erzeugen. Teilnehmer arbeiten gern mit Lego, weil viele es bereits aus ihrer Kindheit kennen.

Tipp: Lego Serious Play®

Unter dem Stichwort »Lego Serious Play®« bietet Lego eine eigens entwickelte Moderationsmethode an, um in Teams an Visionen, Entscheidungen und neuen Ideen zu arbeiten. Weitere Infos gibt es unter dem Link https://www.lego.com/en-us/seriousplay.

Beinahe jeder Workshop-Teilnehmer kennt den Umgang mit Lego aus der eigenen Kindheit, sodass es selten Hemmungen gibt, mit Lego-Steinen zu arbeiten. Lego eignet sich hervorragend, um Modelle räumlicher Konstellationen (zum Bespiel Architekturen, Raumpläne oder Strukturen einer Organisation) darzustellen.

Lego-Prototyp

20 Minuten Session-Dauer

- 3 Minuten: Anleitung mit Beispielen;
- 17 Minuten Timebox: Ausarbeitung Lego-Prototyp durch Team.

Vorbereitung:

Lego-Basissteine und -platten aus Starterbox bereitstellen, ausreichend für alle Teams.

Dritte Iteration: digitaler Prototyp

Die Story der Heldenreise hilft dem Team, den Kontext der Idee zu beschreiben, bevor es mit analogen Prototypen aus Papier, vorhandenen Objekten oder Lego weitere Details ausarbeitet. Reicht die Zeit im Workshop, kannst du die Teams im letzten Schritt bitten, ihre Prototypen zu digitalisieren.

Medialer Prototyp der Heldenreise

Für mediale Prototypen setzt das Team die Heldenreise in eine Bildergeschichte oder ein Video um. Dabei spielen die Teammitglieder die Rollen der verschiedenen Akteure der Heldenreise. Die analogen Prototypen aus der zweiten Iteration können als Requisiten verwendet werden. Die Länge des medialen Prototyps sollte drei Minuten nicht übersteigen.

Um eine Bildergeschichte zu erstellen, werden die Szenen der Heldenreise (und weitere, sofern benötigt) nachgestellt und per Smartphone oder Tablet fotografiert. Werden die Szenen in der gleichen Reihenfolge aufgenommen, in der sie in der Heldenreise erzählt werden, kann die Bildgeschichte durch einfaches Wischen der Bilder direkt nach der Aufnahme präsentiert werden. Sollen die Reihenfolge verändert und weitere Elemente wie zum Beispiel Texte und Sounds hinzugefügt werden, kann die Bildgeschichte durch die Übertragung der Bilder in ein Präsentationsprogramm wie Microsoft Powerpoint oder Apple Keynote weiterbearbeitet werden. Ebenso geeignet für die Weiterverarbeitung sind Bildeditor-Apps und Instagram-Tools – hier sind der Fantasie keine Grenzen gesetzt. Am besten du fragst die Teilnehmer, welche Tools sie bereits kennen und nutzen.

Um einen Film zu produzieren, wechselt das Team zunächst ins Proto-Acting. Proto-Acting bedeutet, die Lösungsidee als Rollenspiel auszuarbeiten. Das Skript für dieses Rollenspiel liefert die Heldenreise. Dabei kann der gesamte Workshop-Raum als Bühne bespielt werden. Wieder dienen die analogen Prototypen der zweiten Iteration als Requisiten.

Digitalisierte Papier-Prototypen simulieren, wie die Lösungsidee funktioniert. Als Skript dient die Heldenreise.

Der einfachste Weg zum gelungenen Schauspiel ist die Improvisation. Ermutige das Team, ohne lange Vorplanung direkt mit den Proben zu beginnen und dabei die Details in drei bis vier Probedurchläufen iterativ auszuarbeiten. Dabei verständigt sich das Team über die verschiedenen Rollen im Schauspiel. Immer dabei ist die Nutzerpersona, unser Held aus der Heldenreise. Häufig sinnvoll sind die Rollen eines Regisseurs, der das Team koordiniert, und die eines neutralen Erzählers, der die Einleitung übernimmt und die Übergänge zwischen den Szenen kommentiert.

Steht das Schauspiel, kann der Proto-Act per Smartphone als Video aufgenommen werden. In Workshop-Formaten ist in der Regel nur Zeit für One-Shot-Videos, die ohne Schnitt und Nachbearbeitung auskommen. Ist noch Zeit übrig für die Nachbereitung des Filmmaterials mit einer Video-Editing-Software wie Apple iMovie, können mehrere Szenen und Kameraperspektiven aufgenommen werden. Digitale Screen Flows, Bildgeschichten und Videos erfüllen mehrere Funktionen: Sie dienen als Dokumentation der Idee, um sich im Nachgang an alle Details erinnern zu können. Sie helfen bei der Kommunikation der Idee an Stakeholder. Und sie sind Grundlage für das Testen von Ideen – zum Beispiel, indem das Team den Film auf Youtube veröffentlicht und ihn auf Crowdfunding-Plattformen wie Kickstarter oder Startnext einbindet.

Medialer Prototyp

20 Minuten Session-Dauer

- 3 Minuten: Anleitung mit Beispielen;
- 17 Minuten Timebox: Ausarbeitung medialer Prototyp durch Team.

Vorbereitung:

- Apple TV oder Smartphone/Tablet Adapter für Übertragung des medialen Prototyps auf einen großen Screen;
- Teilnehmer mit Zugriff auf Bildbearbeitungsanwendung und/oder Videoschnitt-Software beauftragen.

Option: digitalisierter Papier-Prototyp

Geht es vor allem um die Digitalisierung eines Papier-Prototyps, sind Fotos der einzelnen Papier-Screens der einfachste Weg zur digitalen Version. Die einzelnen Screens einer Sequenz werden in der richtigen Reihenfolge mit Smartphone oder Tablet fotografiert. Interaktionen mit dem digitalen Prototyp lassen sich durch einfaches Wischen der Bildschirmbilder auf dem Smartphone oder Tablet nachbilden.

Einen Schritt weiter geht die Digitalisierung von Papier-Prototopyen für Smartphones, Tablets und Smartwatches mit der Apple Smartphone-App POP Prototype on Paper von Marvel.[31] Auch hier werden die Papier-Screens zunächst fotografiert. Im Anschluss können die einzelnen Elemente der Screen-Fotos – zum Beispiel Buttons, Textblöcke oder Skizzen – sehr flexibel verlinkt werden, um das Interaktionsverhalten der Lösung zu simulieren. Die App bietet außerdem digitale Vorlagen für Bilder, Icons und andere Bauelemente digitaler Anwendungen.

Mit der App »POP Prototype on Paper« kann das Team Fotos von Papier-Screens in kurzer Zeit zu einem klickbaren Prototyp verarbeiten.

Echte Klassiker für die Digitalisierung von Papierprototypen sind die Präsentationsprogramme Microsoft Powerpoint und Apple Keynote. Fast jeder beherrscht den Umgang mit einem dieser Programme. Fotos der Papier-Screens können in diesen Programmen um weitere Layout-Elemente ergänzt werden. Interaktionsabläufe lassen sich durch Foliensequenzen, Verlinkungen zwischen Folien sowie durch die Animation von grafischen Elementen und Folienübergängen darstellen. Für die Anwendung in Workshops eignen sich Präsentationsprogramme nur bedingt, da sie zu viel Zeit verschlingen und eine Arbeit im Team nur möglich ist, wenn die Online-Versionen dieser Programme zum Einsatz kommen, sodass gemeinsam und gleichzeitig am Prototyp gearbeitet werden kann.

Das Gleiche gilt für gängige digitale Prototyping-Tools wie Balsamiq, Moqups, Sketch, Figma oder Axure, mit denen UX-Konzepter und UX-Designer digitale Lösungen entwerfen – angefangen von Wireframes (einfache Strukturmodelle ohne Farbe und Design-Details) bis hin zu fein ausgearbeiteten Mockups (sehen aus wie fertige Anwendungen, sind aber noch nicht programmiert). Der Umgang mit diesen Tools braucht Zeit und Erfahrung von UX-Profis. Idealerweise ist ein UX-Designer Teil des Workshop-Teams. Er kann die analogen Prototypen aus der ersten und zweiten Iteration als Input nutzen, um im Anschluss an den Workshop – zuweilen sogar schon währenddessen – eine fein ausgearbeitete digitale Version zu erstellen.

Digitalisierter Papier-Prototyp

20 Minuten Session-Dauer

- 3 Minuten: Anleitung mit Beispielen;
- 17 Minuten Timebox: Digitalisierung des Papier-Prototyps mit verfügbaren Tools.

Vorbereitung:

- Apple TV- oder Smartphone-/Tablet-/Computer-Adapter für Übertragung des digitalisierten Papier-Prototyps auf einen großen Screen;
- ausgewählte Teilnehmer mit Erfahrung im Umgang mit digitalen Online-Prototyping-Tools.

6.5 Lösungsideen testen

Design Thinking ist als Prozess darauf ausgelegt, schnell und ohne großes Ringen um Absicherung und Perfektion eine Lösung für ein relevantes Problem zu entwerfen. Die erste wirkliche Überprüfung, ob ein Problem richtig erkannt wurde und die Lösung dafür taugt, findet im Test statt. Komplexe Probleme, wie sie typischerweise in Digitalisierungs-, Innovations- oder Change-Projekten bearbeitet werden, können nur über empirisches Vorgehen – über bewusstes, kontrolliertes und zyklisch ausgeführtes Trial-and-Error – gelöst werden. Jede Iteration der Lösungsidee wird als Prototyp konkretisiert und in Tests mit Nutzern validiert.

In der Grundidee entspricht das Vorgehen der Herangehensweise in der Wissenschaft: Hinter Problemdefinition und Lösungsidee stehen Annahmen über Nutzerbedürfnisse und -verhalten, die explizit formuliert und mit einem Experiment in einem Test validiert werden.

Die explizite Formulierung von Annahmen, deren Priorisierung sowie die Auswahl schlanker Testmethoden verweist auf den Übergang von Design Thinking zum Methoden-Framework Lean Start-up[32]. Lean Start-up versucht, mit schlanken, häufigen Tests konzeptkritische Annahmen so früh wie möglich zu validieren, um das Risiko von Fehlentwicklungen zu minimieren. Aufgrund der begrenzten Zeit und der geringen Reife der Idee begnügt sich das Team im Workshop auf ein vereinfachtes Vorgehen, das mit den Unschärfen der Praxis lebt. Beim Test ist das gesamte Team präsent, sodass blinde Flecken bei der Interpretation der Testergebnisse vermieden und Erkenntnisse aus dem Test unmittelbar in eine verbesserte Version des Prototyps umgesetzt werden.

Design Thinking-Workshops setzen auf die Freisetzung kreativer Intuition. Die Teams sind von ihren Lösungen oft so begeistert, dass es ihnen schwerfällt, sie kritisch zu hinterfragen. Daher sollte ein erster Test mit Nutzern sich darauf konzentrieren, jedem im Team die Erfahrung direkten Nutzerfeedbacks zu ermöglichen, sodass die

Um zu überprüfen, ob die Annahmen des Teams zutreffen, wird die Testperson im Test-Interview gebeten, mithilfe des Prototyps der Lösung vordefinierte Aufgaben auszuführen.

Sinnhaftigkeit einer systematisch testgetriebenen, digitalen Produktentwicklung unmittelbar erlebt werden kann.

Das erste Experiment sollte einfach in der Vorbereitung sein und nicht zu viel kritische Denkarbeit erfordern – dieser Modus ist schwer mit dem emotionalen Höhenflug in Deckung zu bringen, in dem das Team gerade schwebt. Methodisch setzen wir daher auf das prototypgestützte Test-Interview. Es bietet die beste Balance aus Vorbereitungsaufwand, Team-Wirksamkeit und Ergebnisqualität im Kontext des Innovationstarter-Workshops.

Annahmen priorisieren

Mit Eintritt in die Testphase gibst du dem Team zunächst etwas Zeit, um das Test-Interview vorzubereiten. In Test-Interview sollte überprüft werden, ob das vermeintliche Problem aus Nutzersicht tatsächlich besteht. Der zweite Check gilt der Frage, ob der Nutzer die Idee als Lösung für dieses Problem erkennt, anwendet und schätzt.

In der Phase des Beobachtens und Einfühlens haben die Teams Annahmen über die Nutzer und ihr Verhalten im Anwendungskontext gebildet und diese in einer Persona dokumentiert. Den Blickwinkel auf das Problem haben sie als offene Frage formuliert, um das Problem lösungsoffen aus Nutzersicht zu beschreiben. Ihre Lösungsideen haben sie als Prototypen konkretisiert. Jetzt prüfen sie kritisch ihre Lösungsidee, um die Annahmen explizit zu machen, die ihr zugrunde liegen. Dafür sammelt das Team in einem Brainstorming »Wir-glauben-dass«-Statements auf Haftnotizen. Beispiele: »Wir glauben, dass das schnelle Auffinden von Informationen das größte Problem unserer Website-Erstbesucher ist« oder »Wir glauben, dass eine neu platzierte Suchfunktion mit einem einzigen Suchfenster für unsere Nutzer schneller zum Sucherfolg führt.«

Um die Annahmen zu priorisieren, ordnet das Team die Haftnotizen in die Annahmenpriorisierungsmatrix mit den Achsen »konzeptkritisch« und »unsicher« ein. Als hochgradig konzeptkritisch gelten Annahmen, die in jedem Fall zutreffen müssen, damit die Idee funktioniert. Als hochgradig unsicher gelten Annahmen, bei denen es noch keinerlei Indizien gibt, ob sie der Realität entsprechen.

Ein Teammitglied hängt die Annahmen aus dem Brainstorming Haftnotiz für Haftnotiz in die Matrix um. Dafür nimmt das Teammitglied eine Haftnotiz aus dem Brainstorming in die Hand und führt sie auf der Matrix langsam entlang der Achse »konzeptkritisch« nach oben, bis das Team »stop!« ruft. Im zweiten Schritt verschiebt das Teammitglied die Haftnotiz nach rechts außen auf der Achse »unsicher«, bis das Team die Bewegung erneut stoppt. Diese erste Haftnotiz dient als Referenz für die folgenden. Für den Test wählt das Team maximal drei Annahmen aus, die es sowohl als hochgradig konzeptkritisch als auch als höchst unsicher einschätzt.

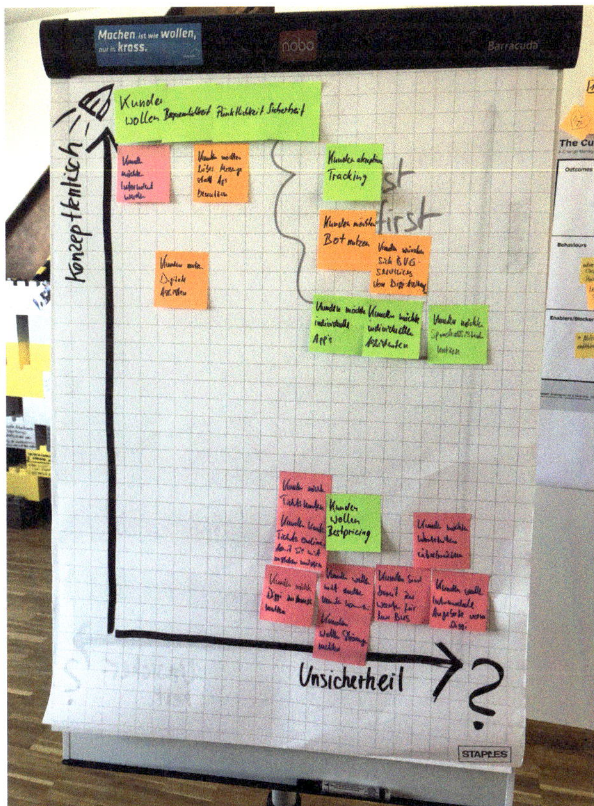

Mit der Annahmenpriorisierungsmatrix findet das Team die Annahmen, die sowohl konzeptkritisch als auch unsicher sind. Hoch priorisierte Annahmen werden als Erstes getestet.

Annahmen priorisieren

20 Minuten Session-Dauer

- 3 Minuten: Anleitung Brainstorming Annahmen, mit Beispiel, sowie Anleitung Matrix zur Priorisierung von Annahmen, mit Beispiel;
- 7 Minuten Timebox: Brainstorming zu Annahmen »Wir glauben, dass …«;
- 10 Minuten Timebox: Priorisierung der Annahmen, Auswahl von maximal drei Annahmen für die Validierung im Test.

Vorbereitung:

- 3 Beispiele für »Wir glauben, dass …«;
- Vorgezeichnetes Flipchart mit Annahmenpriorisierungsmatrix.

Testfälle für Test-Interviews konzipieren

Für jede der ausgewählten Annahmen definiert das Team einen Testfall für das Test-Interview – mit Testmethode und Ergebnismessung. Ein hilfreiches Denkwerkzeug für die Definition von Testfällen ist die Testcard von Strategyzer[33]. Die Testcard bietet vier einfache Felder für die Definition eines Testfalls: Annahme, Testverfahren, Metrik und Messwerterwartung.

Vor der Durchführung des Tests verständigt sich das Team auf den minimalen Messwert, den der Test erreichen soll, damit er als Indiz für eine Bestätigung der Annahme gelten kann. Nach der Durchführung des Tests wird das Ergebnis mit diesem Zielwert abgeglichen.

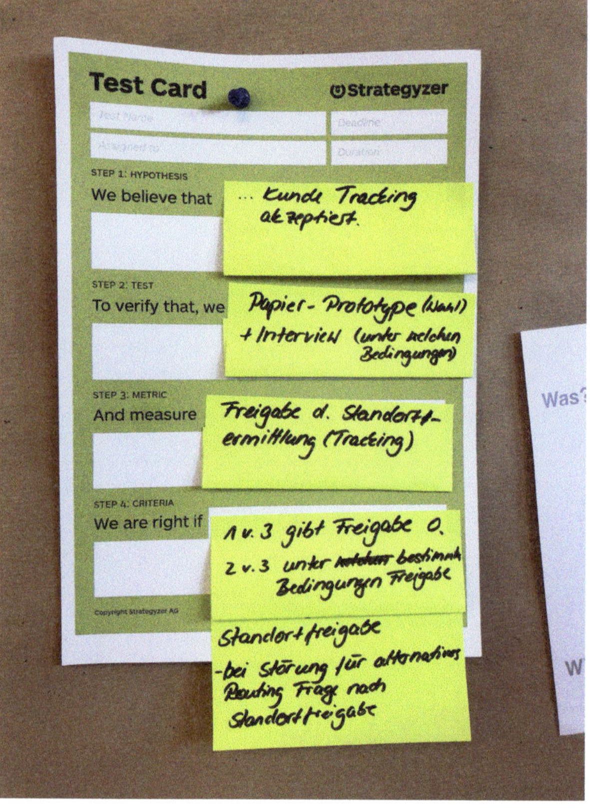

Die Testcard von Strategyzer© ist ein einfaches Werkzeug, um Testfälle zu konzipieren.

In prototyp-gestützte Test-Interviews lassen sich die folgenden Erhebungsmethoden einbetten:

Multiple Choice

Geschlossene Fragen, bei denen gemessen wird, wie oft mit »Ja« oder »Nein« geantwortet beziehungsweise einzelne Antwortoptionen aus einem vorgegebenen Spektrum ausgewählt wurden.

Use Case Tasks

Die Testperson wird gebeten, vorgegebene Aufgaben mit dem Prototyp zu erledigen. Beispielsweise soll die Testperson auf einer Verkaufswebsite ein bestimmtes Produkt möglichst rasch finden. Die Aufgaben basieren auf Anwendungsfällen, die in der Phase des Beobachtens und Einfühlens als besonders relevant beurteilt wurden.

Der Prototyp wird auf die Testfälle abgestimmt. Das bedeutet, dass genau die Funktionen und Inhalte im Prototyp simuliert werden, die der Nutzer für die Bewältigung der Testaufgabe benötigt. Womöglich muss der bestehende Prototyp für den Test weiter detailliert oder gar neu erstellt werden. Als Metriken kommen beispielsweise die Zahl der Klicks und die Zeit, die die Testperson benötigt, um eine Aufgabe zu lösen, infrage.

Card Sorting

Mit dieser Methode lässt sich herausfinden, wie die Testperson einzelne Eigenschaften oder Features einer Lösung priorisiert. Die möglichen Optionen werden auf Index-Karten geschrieben. Hilfreich sind auch grafische Darstellungen, die der Testperson die Erfassung der Inhalte erleichtern. Die Testperson wird gebeten, die Karten nach Priorität zu sortieren. Die Sortierung wird fotografiert und dient als Ausgangspunkt für die Gestaltung.

A/B-Test

Mit dieser Methode ermittelt das Team, welche Varianten einer Lösungsidee am besten beim Nutzer ankommen. Dafür erstellt das Team zwei alternative Prototypen, zum Beispiel zwei unterschiedlich gestaltete Startscreens für eine neue App. Die Testperson wird nach den Gründen

Mit der Card Sorting-Methode lässt sich testen, welche Wichtigkeit Nutzer einzelnen Eigenschaften oder Features einer Lösung beimessen.

befragt, warum sie den einen oder anderen Screen bevorzugt. Häufig werden A/B-Tests auch digital gestützt als quantitative Tests durchgeführt. Ein Teil der Nutzer wird auf die Variante A der Lösung geleitet, ein anderer auf die Variante B. Durch Messen der Klickraten wird ermittelt, welche Lösung besser funktioniert.

Testfälle konzipieren

20 Minuten Session-Dauer

- 3 Minuten: Anleitung zur Nutzung der Testcard Templates, mit Beispiel;
- 17 Minuten Timebox: Vorbereitung der drei wichtigsten Testfälle, Adaption des Prototyps an die Testfälle, gegebenenfalls Vorbereitung Card Sorting.

Vorbereitung:

- Strategyzer Testcards unter dem folgenden Link herunterladen: bit.ly/jensottolange-testcard;
- Testcard ausdrucken in A4, drei Mal pro Team;
- Beispiele für vorgeschlagene Testmethoden vorbereiten.

Test-Interviews planen und durchführen

Im Innovationstarter-Workshop stehen maximal sechzig Minuten für Test-Interviews zur Verfügung. In diesem Zeitraum können nicht mehr als drei zehnminütige Interviews in Folge und maximal zwei Interviews parallel durchgeführt werden, sodass eine Zahl von drei bis sechs Interviews pro Team erreicht werden kann. Drei Interviews sind das Minimum, um Muster zu erkennen. Ab fünf Test-Interviews[34] lassen sich bereits die meisten Probleme identifizieren.

Je nach Verfügbarkeit der Testpersonen kann das Test-Interview im persönlichen Gespräch, per Video-Call, Telefon oder Messaging-Dienst (WhatsApp, Messenger, iMessage, LinkedIn, Slack et cetera) durchgeführt werden.

Test-Interviews werden zu zweit geführt: Einer führt das Interview mit der Testperson, der andere macht Notizen. In der Phase des Beobachtens und Einfühlens haben die Teams bereits Erfahrung mit der Durchführung von Interviews gesammelt. Auf diese Erfahrungen können sie an dieser Stelle zurückgreifen.

Als Vorbereitung entwirft das Team einen Gesprächsleitfaden mit Fragen und Aufgaben für die Testperson. Bitte die Teams, mit Haftnotizen den Ablauf des Tests als Journey darzustellen. Die Test-Journey dient als Fahrplan für den Ablauf. Stelle ihnen als Beispiel für die Gliederung der Journey das 5-Act-Interview aus dem Google Design Sprint[35] vor, das sich in die folgenden fünf Phasen gliedert:

Erster Akt: Willkommen

Es geht zunächst darum, Vertrauen aufzubauen. Der Interviewer erklärt einleitend das Ziel des Test-Interviews. Die Testperson wird darauf hingewiesen, dass nichts Falsches gesagt oder getan werden kann. Der Testperson wird erklärt, dass man auf ihre Hilfe und ehrliche Meinung angewiesen ist, um die Lösung verbessern zu können.

Zweiter Akt: Kontextfragen

Über Kontextfragen exploriert der Interviewer das Umfeld der Testperson. Die Testperson wird langsam an das eigentliche Thema herangeführt. Kontextfragen sind Fragen, die die Ausgangssituation, das Umfeld und die Lebenswirklichkeit der Testperson im Kontext der Lösungsidee ausleuchten.

Dritter Akt: Einführung in den Prototyp

Der Interviewer erklärt der Testperson, dass sie eine Reihe von Aufgaben erhalten wird, die sie mit dem Prototyp der Lösungsidee erledigen soll. Der Interviewer weist die Testperson nochmals darauf hin, dass es kein richtig oder falsch gibt und dass bei der Bedienung des Prototyps nichts kaputtgehen kann. Der Interviewer betont erneut, wie wichtig das Feedback der Testperson für die Verbesserung der Lösung ist.

Der Interviewer erklärt der Testperson die Think-Aloud-Methode: Die Testperson wird gebeten, Gedanken, Gefühle und Absichten während der Erledigung der Testaufgaben laut auszusprechen, sodass Interviewer und Protokollant am inneren Erleben der Testperson teilhaben können.

Vierter Akt: Aufgaben stellen

Die Testperson wird gebeten, für die einzelnen Testfälle vorbereitete Testaufgaben zu bearbeiten. Der Interviewer erläutert die Aufgabe und führt dabei in die jeweilige Testmethode ein. Interviewer und Protokollant beobachten die Testperson, während diese die Aufgabe ausführt. Der Interviewer wird die Testperson an die Think-Aloud-Methode erinnern, sofern die Testperson versäumt, über das zu sprechen, was sie gerade tut und denkt.

Tipp: Testfragen für jede Gelegenheit

Hat dein Team zu wenig Zeit, um im Workshop spezifische Testfälle und Fragen für den Test zu entwickeln, kannst du ihm die folgenden vier Fragen als Leitfaden anbieten:

Kontextuelle Verortung explorieren:
»Was sind deine ersten Gedanken dazu?«

Verständnis der Lösungsidee überprüfen:
»Beschreibe das Konzept in deinen eigenen Worten!«

Problem des Nutzers validieren:
»Wie könnte dir das helfen? ... Warum?«

Bei Rückfragen neue Innovationshebel finden:
»Was denkst du, was das bedeutet?«

Fünfter Akt: Debrief

Interviewer und Protokollant bedanken sich bei der Testperson fürs Mitmachen und stellen zum Abschluss einige allgemeine Fragen zum Verlauf des Tests. Wie hat sich die Testperson gefühlt? Welche Verbesserungsvorschläge hat sie für die Durchführung?

Hat das Team im Interview ausreichend Vertrauen mit der Testperson aufgebaut, kann es zum Ende des Interviews auch nach Persönlichem fragen, zum Beispiel nach Alter, Beruf, Familienstand oder Kontaktdaten.

Vor dem Abschied der Testperson fragt das Team deren Bereitschaft ab, Freunde und Bekannte als Testpersonen zu empfehlen sowie selbst an weiteren Testrunden teilzunehmen. Mit diesen Angaben schafft das Team die Grundlage für den Aufbau einer Testgruppe, die im Verlauf des Projekts für weitere Tests herangezogen werden kann.

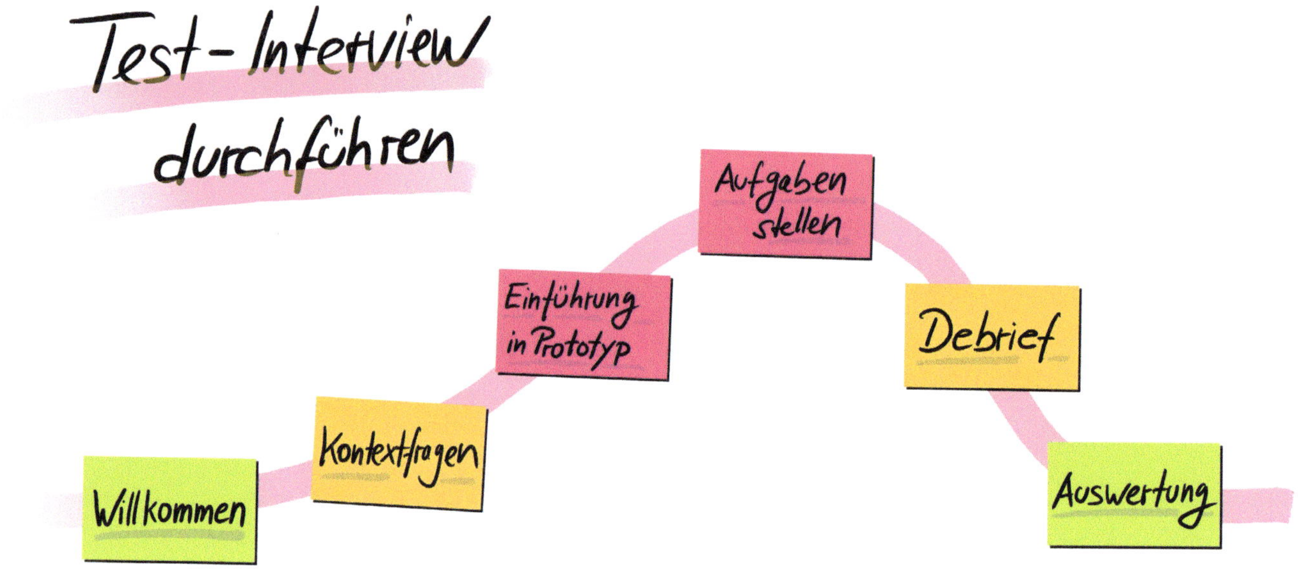

Test-Interview durchführen

Die Phasen des 5-Act-Interviews von Google stecken den Rahmen für den Ablauf des prototypgestützten Test-Interviews.

Test-Interviews planen und durchführen

55 Minuten Session-Dauer

- 3 Minuten: Anleitung zu Länge und Zahl der Interviews und dem Aufbau des 5-Act-Interviews;
- 17 Minuten Timebox: Mit Haftnotizen Testablauf entlang der Struktur des 5-Act-Interviews entwerfen, Testplatz für Testperson und Interview-Paar im Raum einrichten, Probelauf, alle Test-Teams fotografieren den Testablauf als Leitfaden;
- 35 Minuten: Durchführung von maximal drei zehnminütigen Test-Interviews in Folge durch zwei parallel arbeitende Interview-Paare eines Teams (Puffer für Übergange zwischen den Interviews).

Vorbereitung:

Vorlage 5-Act-Interview unter dem folgenden Link herunterladen und einen Ausdruck pro Team bereitstellen: bit.ly/jensottolange-5-act-interview.

Test-Interviews auswerten

Bitte die Interview-Teams, sofort nach jedem Interview die wichtigsten Ergebnisse auszuwerten und das Test-Set-up gegebenenfalls zu optimieren.

Sind alle Tests durchgeführt, kommen die Interview-Paare jedes Teams erneut zusammen. Ähnlich wie in der Phase des Beobachtens und Einfühlens erstellt das Team auf einem Pinboard eine Auswertungstabelle, die vertikal die Testpersonen auflistet und horizontal den Testablauf mit den einzelnen Testfragen und Testfällen darstellt. In die Zellen der Tabelle werden qualitative Aussagen (zum Beispiel Zitate) und die Messwerte der einzelnen Testfälle eingetragen. Anschließend bewertet das Team gemeinsam die Ergebnisse.

Test-Interviews auswerten

30 Minuten Session-Dauer

- 3 Minuten: Anleitung zum Auswertungsverfahren;
- 10 Minuten Timebox: Testergebnisse aus Interview-Notizen auf Haftnotizen übertragen, pro Interview-Paar;
- 17 Minuten Timebox: Storytelling des Teams zu den Testergebnissen. Die Interview-Paare erläutern dem Team die Inhalte ihrer Haftnotizen, während sie sie in die Auswertungstabelle einordnen.

Vorbereitung:

Pro Team eine Pinnwand mit Auswertungstabelle, mit Liste der Testpersonen in Zeilen und der Test Journey mit Testfragen und Testfällen in Spalten.

6.6 Lösungsideen pitchen

Beim Pitch richtet das Team seine Aufmerksamkeit darauf, in einer kurzen Präsentation eine interne Öffentlichkeit im Unternehmen für die Lösungsidee zu begeistern, um Unterstützer und Mittel für das Projekt zu gewinnen.

Um Unterstützer zu gewinnen, müssen die Teams die Idee merkfähig und in einer einfach verständlichen und überzeugenden Art und Weise vermitteln. Gerade in Unternehmenskontexten hängt es häufig von der Klarheit der Kommunikation ab, ob eine Idee weiter verfolgt wird.

Was ist ein Pitch?

Der Begriff Pitch stammt aus der Werbebranche und bezeichnet Präsentationen vor Kunden, in denen Agenturen mit Überzeugungskunst, klarer Argumentation und Emotionen um neue Aufträge ringen.

Mit einem Pitch der Lösung schließen die Teams den ersten Design Thinking-Zyklus ab, den sie im Workshop durchlaufen haben. In einer kurzen, eingängigen Präsentation präsentieren sie ihre Lösungsideen vor Stakeholdern und anderen Interessierten.

Als Stakeholder sollten Führungskräfte eingeladen werden, die Entscheidungen über das weitere Vorgehen und über Projektbudgets beeinflussen können. In jedem Fall sollte die Person, die die Entscheidung für die Durchführung des Workshops getroffen hat, dem Pitch beiwohnen.

Pitch-Design

Gib den Teams Zeit, einen Pitch von maximal drei Minuten Länge vorzubereiten. Markiere mit Kreppklebeband eine Bühnensituation im Workshop-Raum und richte einen Bereich mit Zuschauerplätzen ein. Ermutige die Teams zu einer Generalprobe auf der Bühne. Kündige an, dass du den Pitch zur Dokumentation per Smartphone auf Video aufnehmen wirst (natürlich nur, wenn das Team damit einverstanden ist).

Die Inhalte des Pitches hat das Team bereits im Verlauf des Workshops erarbeitet: Mit der Heldenreise (vergleiche Seite 168) stellt das Team dem Publikum dar, wer die Nutzer sind, welches Problem es für sie lösen will und wie die Idee des Teams funktioniert. Der Grundaufbau des Pitches entspricht der Heldenreise: Zu Beginn werden Nutzergruppe und Ausgangssituation in Gestalt der Persona vorgestellt. Über die Problembeschreibung der Wie-könnnen-wir-Frage leitet die Heldenreise über zum Prototyp, der Nutzen und Funktionsweise illustriert. Sie endet mit einem Happy End in Gestalt der erfolgreichen Anwendung der Lösungsidee durch den Nutzer. Zusätzlich kann das Team darstellen, was es in den ersten Tests gelernt hat, welche nächsten Schritte es für sinnvoll hält und welche Ressourcen an Personal und Budget es für den Start des geplanten Projekts benötigt.

Die Geschichte der Heldenreise kann das Team für den Pitch in drei bis vier Probedurchläufen iterativ verfeinern, um eine Bühnenpräsentation mit verteilten Rollen und allen notwendigen Requisiten zu entwickeln.

Ermutige das Team, als Gruppe zu präsentieren. Schlage dem Team vor, den Pitch als lebendiges Schauspiel zu gestalten. Dabei sollte jeder, der die Bühne betritt, einen aktiven Part übernehmen. Wichtigste Rolle ist unser Held, der Nutzer, den wir als Persona beschrieben haben. Viele Teams führen einen neutralen Erzähler ein, der die Einleitung übernimmt und die Übergänge zwischen Szenen kommentiert. Weitere Rollen ergeben sich aus der Lösungsidee. Hat das Team beim Prototyping bereits Erfahrungen mit Proto-Acting (vergleiche Seite 177) gesammelt, kann es diese erste Schauspielfassung für den Pitch weiterentwickeln.

Bei der Vorbereitung kannst du beobachten, wie das Team funktioniert. Sind alle an der Erarbeitung der Präsentation beteiligt? Hat jeder einen Bühnenauftritt? Oder wird ein oder zwei Teammitgliedern die Verantwortung für die Präsentation überlassen?

Pitch-Design

20 Minuten Session-Dauer

- 3 Minuten: Anleitung zum Vorgehen;
- 17 Minuten: Teams entwickeln in drei bis vier Probedurchläufen ein Schauspiel der Lösungsidee.

Vorbereitung:

Weise die Teams darauf hin, dass sie mit Heldenreise (als Skript des Pitches) und Persona (der Held der Heldenreise) bereits über die Kernelemente des Pitches verfügen.

Pitch moderieren

Sobald die Zeit für die Vorbereitung abgelaufen ist, fragst du die Teilnehmer nach Freiwilligen für den ersten Pitch. Außerdem bittest du das Publikum, Platz zu nehmen. Die bühnenartige Situation steigert die Spannung und sorgt für Konzentration. Sobald das erste Team startklar ist, bittest du einen Zuschauer in der ersten Reihe, einen Time Timer auf drei Minuten zu stellen, sodass das Pitch-

Im Pitch arbeitet das Team die Heldenreise als Schauspiel aus, um Unterstützer für die Lösungsidee zu gewinnen.

Team jederzeit die verbleibende Zeit im Blick hat. Sind alle fertig, gibst du ein Startsignal für den Pitch, gleichzeitig beginnst du mit der Video-Aufnahme.

Videos aufnehmen und präsentieren

Smartphone-Videos des Pitches sind wertvolle Dokumente, da sie die Lösungsidee in kurzer Form zusammenfassen. Sie können im Nachgang auch als medialer Prototyp (vergleiche Seite 177) verwendet werden, um Unbeteiligten die Idee zu erläutern.

Achte beim stativfreien Filmen mit der Smartphone-Kamera darauf, dass du im Querformat aufnimmst. Querformate eigenen sich besser für das Abspielen auf Rechnerbildschirmen. Teste kurz, ob die Bühnensituation vollständig mit der Smartphone-Kamera erfasst werden kann. Halte das Smartphone möglichst ruhig. Achte darauf, dass deine Finger nicht auf das Mikrofon oder vor die Kamera geraten. Spiele nicht mit dem Zoom, sondern gehe gegebenenfalls direkt und langsam an die Szene heran. Du kannst ein Stativ nutzen, doch in der Regel ist es angesichts der improvisierten Ausführung des Pitches einfacher, mit einer flexiblen Kameraposition zu arbeiten. Drehe in einem Rutsch durch – das nachträgliche Schneiden des Films erzeugt Aufwand, der in dieser Phase nicht sinnvoll ist. Bei größeren Veranstaltungen mit mehr als fünfzehn Teilnehmern kann es nötig sein, die Details der Präsentation über einen großen Monitor oder eine Leinwand zu zeigen. Am einfachsten gelingt das, wenn du per Smartphone über Apple TV und Apple Airplay drahtlos auf einen Bildschirm streamst. So kannst du gleichzeitig aufnehmen und Details aus der Präsentation – zum Beispiel Papierprototypen einer Smartphone App in Originalgröße – für ein größeres Publikum sichtbar machen.

Starte einen Applaus, sobald der Pitch fertig ist. Frage das Team dann nach dem Titel der Lösungsidee und bitte das Publikum um Feedback in Form von Fragen, Kommentaren, Kritik oder neuen Ideen.

Die Feedback-Zeit wird per Time Timer auf drei Minuten begrenzt. Du kannst die Feedback-Zeit zusätzlich mit der Zahl der Feedback-Beiträge steuern, die du zulässt.

Pitch moderieren

30 Minuten Session-Dauer

3 × 6 Minuten Timebox (3 Minuten Pitch und 3 Minuten Feedback), plus Puffer für Umbaupausen.

Vorbereitung:

Bühnensituation mit Zuschauerplätzen im Workshop gestalten, gegebenenfalls Technik testen (Adapter für Endgeräte der Teilnehmer zur Verbindung mit Bildschirmen, Apple TV, Monitore und Beamer einrichten).

Lösungsideen priorisieren

Bis hierhin haben die Teilnehmer in parallelen Teams gearbeitet und im Wettbewerb um die beste Idee verschiedene Ansätze entwickelt.

In einer Abschlussdiskussion werden die Ideen auf ihre Tauglichkeit für den Start eines Projekts priorisiert.

Schreibe den Titel jeder Lösungsidee auf eine große Haftnotiz und klebe alle Titel übersichtlich auf eine Pinnwand oder Wand. Die Titel-Haftnotizen dienen als Repräsentanten, um die Ideen für die Diskussion sichtbar im Raum zu halten.

Soll eine klare Entscheidung getroffen werden, welche der Ideen als Projekt umgesetzt werden soll, wird ein Entscheidungsverfahren benötigt. Eine charmante Form der Entscheidungsfindung ist die Vergabe von Spielgeld-Budgets. Alle Entscheidungsberechtigten erhalten ein Budget, das sie frei auf die verschiedenen Ideen verteilen können. Jeder Ideen-Haftnotiz ist ein Ablageort oder Behältnis für das Spielgeld zugeordnet. Durch unterschiedlich hohe Budgets oder separate Teilentscheidungsrunden – zum Beispiel getrennt nach Teilnehmern und Management – kannst du unterschiedliche Entscheidungslevels abbilden. Die priorisierten Ideen dienen als Input für die Definition des eigentlichen Projekts am dritten Workshop-Tag.

Lösungsideen priorisieren

20 Minuten Session-Dauer

- 10 Minuten: Diskussion der Optionen;
- 5 Minuten: Bewertung mit Spielgeld;
- 5 Minuten: Ergebnis der Priorisierung vorstellen.

Vorbereitung:

- Mehrere Scheine Spielgeld für jeden Teilnehmer;
- Spielgeld-Ablageort für jede Ideen-Haftnotiz (zum Beispiel offene Schachtel, Markierung mit Kreppband).

6.7 Ausklang Workshop-Tag 2

Erneut beendest du den Tag mit einer Retrospektive und einem Stand-up.

Teamwork mit Retrospektive verbessern

Auch am Ende des zweiten Workshop-Tages führen wir eine kurze Retrospektive von zehn Minuten Dauer durch.

Um das Ritual einzuüben, verwenden wir an allen drei Tagen die Starfish-Methode (vergleiche Seite 148).

Teamwork verbessern mit Retrospektive

10 Minuten Session-Dauer

- 3 Minuten: Anleitung;
- 7 Minuten: Pro Team – jedes Teammitglied erstellt maximal zwei Haftnotizen pro Kategorie des Starfish und teilt diese mit dem Team, kurze Diskussion zu möglichen Verbesserungen.

Vorbereitung:

- Starfish-Template unter dem folgenden Link herunterladen: bit.ly/jensottolange-starfish-retro;
- Einen A4-Ausdruck pro Team in die Mitte eines Flipcharts hängen;
- Linien mit Marker zum Rand zum Starfish verlängern.

Tag schließen mit Stand-up

Auch den zweiten Workshop-Tag beendest du mit einem Stand-up, bei dem du ein kurzes Blitzlicht zum Tag abfragst (vergleiche Seite 149). Kündige an, dass es am dritten und letzten Tag darum gehen wird, aufbauend auf der Lösungsidee ein formales Projekt zu definieren. Kündige die Startzeit des Folgetages an und verabschiede die Teilnehmer.

Tag schließen mit Stand-up

15 Minuten Session-Dauer

Aufstellung im Kreis

6.8 Vorlage: Microtiming Tag 2

Unter dem Link bit.ly/jensottolange-innovationstarter-microtiming kannst du dir eine digitale Fassung der Vorlage herunterladen.

Innovationstarter Sprint – Microtiming Tag 2
Dreitägiges Workshop-Format zur Definition komplexer Projektvorhaben mit Design Thinking

Start	Dauer	Innovationstarter Tag 2: Lösung entwickeln
9:00	**0:20**	Stand-up und Team-Check-in
9:20	**1:00**	Ideen entwickeln (Gesamtdauer ohne Pause)
9:20	0:05	Regeln der Ideenfindung
9:25	0:15	Warm-up für Sketching
9:40	0:40	Ideen finden mit Crazy 8s Optionen: 6-3-5 Brainwriting oder Think-Aloud-Brainstorming
10:20	**0:15**	Pause
10:35	**1:00**	Prototypen entwickeln (Gesamtdauer)
10:35	0:20	Erste Iteration: Prototyp als Storyboard der Heldenreise
10:55	0:20	Zweite Iteration: Prototyping mit Papier, Objekten oder Lego
11:15	0:20	Dritte Iteration: digitaler Prototyp
11:35	**2:05**	Lösungsideen testen (Gesamtdauer ohne Pausen)

11:35	0:20	Annahmen priorisieren
11:55	0:20	Testfälle konzipieren
12:15	**1:15**	Mittagspause
13:30	0:55	Test-Interviews planen und durchführen
14:25	0:30	Test-Interviews auswerten
14:55	**0:15**	Pause
15:10	**1:10**	Lösungsideen pitchen (Gesamtdauer ohne Pause)
15:10	0:20	Pitch-Design
15:30	0:30	Pitch moderieren
16:00	0:20	Lösungsideen priorisieren
16:20	**0:15**	Pause
16:35	**0:25**	Ausklang Workshop-Tag 2 (Gesamtdauer)
16:35	0:10	Teamwork verbessern mit Retrospektive
16:45	0:15	Tag schließen mit Stand-up
17:00		Ende

7 Innovationstarter Tag 3: Projekt definieren

7.1 Setze ein Projekt auf

In vielen Organisationen muss zunächst ein offizielles Projekt gestartet werden, um eine Lösungsidee mit einem Team weiter zu verfeinern und umzusetzen. Unter einem Projekt verstehen wir ein einmaliges, zielgerichtetes Vorhaben, das zeitlich eingegrenzt und mit Ressourcen (Team, Budget) ausgestattet ist.

Am dritten Tag des Innovationstarter-Workshops verlässt du methodisch das Design Thinking-Framework. Nachdem sich die Teilnehmer an den beiden ersten Tagen darauf konzentriert haben, mit Design Thinking das inhaltliche Ziel des Projekts zu entwickeln, geht es am dritten Tag darum, in einem Projekt-Kick-off die Rahmenbedingungen für die weitere Umsetzung der Lösungsidee zu definieren.

Im Kick-off wird geklärt, wer das Projektteam bildet, welches Ziel das Team erreichen will, wie es zusammenarbeiten will und wie die Rahmenbedingungen aussehen, innerhalb derer es sich bewegen kann.

Als Designfacilitator setzt du den Workshop-Stil fort, den du mit Design Thinking etabliert hast: Arbeit in selbstorganisierten Teams, Visualisierung mit Haftnotizen, teambasierte Entscheidungsfindung mit Klebepunkten et cetera.

7.2 Stand-up und Team-Check-in

Starte den dritten Tag erneut mit einem Stand-up. Mit diesem Ritual stärkst du Aufmerksamkeit und Fokus. Frage, was die Teilnehmer aus dem Vortag mitgenommen haben und was sie vom letzten Tag erwarten.

Am ersten und zweiten Workshop-Tag hast du drei Teams gebildet, die im Wettbewerb miteinander um die beste Lösung gerungen haben. Am Ende des zweiten Tages haben sich die Teilnehmer auf das Konzept geeinigt, das weiterverfolgt werden soll. Am dritten Tag löst du die Design Thinking-Teams der ersten beiden Workshop-Tage auf, um aus den Teilnehmern im Verlauf des Tages das designierte Projektteam zu formen. Jetzt zeigt sich, ob du die richtigen Teilnehmer eingeladen hast. Denn unter ihnen sollten sich genügend Kandidaten finden, die bereit und ermächtigt sind, Teil des Projektteams zu werden.

Den Check-in am Workshop-Tag 3 führst du mit dem gesamten Team während des Stand-ups durch. Frage reihum, wie es den Teilnehmern heute geht. Kombiniere die Frage mit den drei Stand-up-Fragen: Was hast du aus dem Vortag mitgenommen? Was willst du heute erreichen? Gibt es Blocker, die dich aufhalten?

Stand-up und Team Check-in

20 Minuten Session-Dauer

- 5 Minuten: Team Check-in;
- 15 Minuten: Stand-up.

7.3 Projektvision schärfen

Am Vortag haben die Teilnehmer ihre Ideen präsentiert und priorisiert. Am dritten Tag bringen die Teilnehmer die priorisierte Idee als Projektvision auf den Punkt. Als Format für die Formulierung der Projektvision eignet sich der Elevator Pitch. Der Elevator Pitch beschreibt den Nutzen des Projekts in einem kurzen Satz – so kurz, dass man ihn beispielsweise während einer Fahrstuhlfahrt vermitteln kann. Unsere Version des Elevator Pitch stammt von Geoffrey Moore[36]. Geoffrey hat einen Ausfüllsatz[37] entwickelt, um in technisch geprägten Projekten zu vermeiden, dass die Vorteile für Nutzer und Kunden bei der Projektentwicklung aus dem Blick geraten.

Satzformat für Elevator Pitch

Für <Zielnutzer>, der/die <Bedürfnis/Bedarf mit Verb>,
ist <Projekttitel> ein/e <Produkt-/Service-/Marktkategorie>, der/die
<Hauptnutzen mit Verb>.
Anders als <wichtigste Alternative>
bieten wir <Alleinstellungsmerkmal>.

Bilde für diese Session drei Teams. Jedes Team erhält einen A3-Ausdruck der Elevator Pitch-Vorlage. Bitte die Teammitglieder, mit Haftnotizen optionale Formulierungen auf das Template zu kleben und die besten auszuwählen.

Elevator Pitch

Für (unsere Persona) Max
Wer ist der Zielnutzer?

der/~~die~~ schnell wieder fit sein möchte
Was ist sein Bedürfnis / Bedarf (mit Verb ausdrücken)

ist Megafit ein/e Mobile App
Projekttitel der Lösung? Welche Kategorie?

~~der~~/die ihn Schritt für Schritt durchs Training führt.
Was ist der Hauptnutzen (mit Verb ausdrücken)?

Anders als andere Fitness-Apps
Was ist die wichtigste Alternative?

bieten wir kurze + einfache Übungen für Körper UND Seele.
Welches Alleinstellungsmerkmal bietet die Lösung?

Quelle: Geoffrey Moore „Crossing the Chasm"

Der Elevator Pitch formuliert die Projektvision in einem einfachen, vorgegebenen Satzformat.

Nach Ablauf der Bearbeitungszeit liest jedes Team seine Version des Elevator Pitch laut vor. Die anderen Teilnehmer geben Feedback. Lasse die Teilnehmer mit Klebepunkte abschließend die beste Formulierung auswählen.

Elevator Pitch formulieren

30 Minuten Session-Dauer:

- 3 Minuten Anleitung, Aufteilung der Gruppe in drei Teams;
- 10 Minuten Timebox: Teams erarbeiten Alternativen für Elevator Pitches;
- 12 Minuten: Pitch pro Team (je 1 Minute Timebox für Präsentation, 3 Minuten für Feedback);
- 5 Minuten: Diskussion und Entscheidung für die beste Formulierung, gegebenenfalls Punkte kleben.

Vorbereitung:

- Download der Elevator Pitch-Vorlage, Ausdruck einmal pro Team in A3 (bit.ly/jensottolange-elevatorpitch);
- Beispiel vorbereiten.

7.4 Team Alignment

Nachdem die Teilnehmer ihr gemeinsames Verständnis der Projektvision als Elevator Pitch auf den Punkt gebracht haben, geht es im nächsten Schritt darum, die Zusammenarbeit zu synchronisieren, um der Vision näher zu kommen. Nutze das Wissen der Teilnehmer, um Arbeitspakete, Zwischenergebnisse, Termine und den Zuschnitt des Teams festzulegen.

Project Journey entwerfen

Die Project Journey visualisiert die Stationen, die das Projekt bis zum Zielzustand durchlaufen muss. Zieh dafür mit Kreppband auf der breitesten verfügbaren Fläche eine lange, horizontale Linie in Brusthöhe. Sie dient als Zeitstrahl. Gut geeignet ist eine lange Wand. Alternativ kannst du auch zwei Pin- oder Whiteboards nebeneinander stellen. Das linke Ende des Zeitstrahls repräsentiert das Hier und Jetzt, das rechte Ende die Vision, die erreicht werden soll. Als Repräsentanten der Vision hängst du dort einen Ausdruck des Elevator Pitch auf. Die zeitlichen Stationen hängen vom Projektkontext ab. In agilen Projekten kannst du Termine für Sprintwechsel als Stationen anlegen.

Teams neigen dazu, naheliegende Arbeitsschritte detailliert zu planen und die zeitkritische Endphase zu vernachlässigen. Bitte die Teilnehmer daher, vom Ende her zum Anfang zu denken. So sorgst du dafür, dass die Aufmerksamkeit der Teilnehmer sich zunächst auf die schwerer abschätzbare Endphase konzentriert, bevor sie sich den einfacher planbaren nächsten Schritten zuwenden. Bitte die Teilnehmer, die Zwischenergebnisse des Projektablaufs so zu formulieren, als sei der Zielzustand schon eingetreten (Beispiel: Test mit fünf Nutzern durchgeführt).

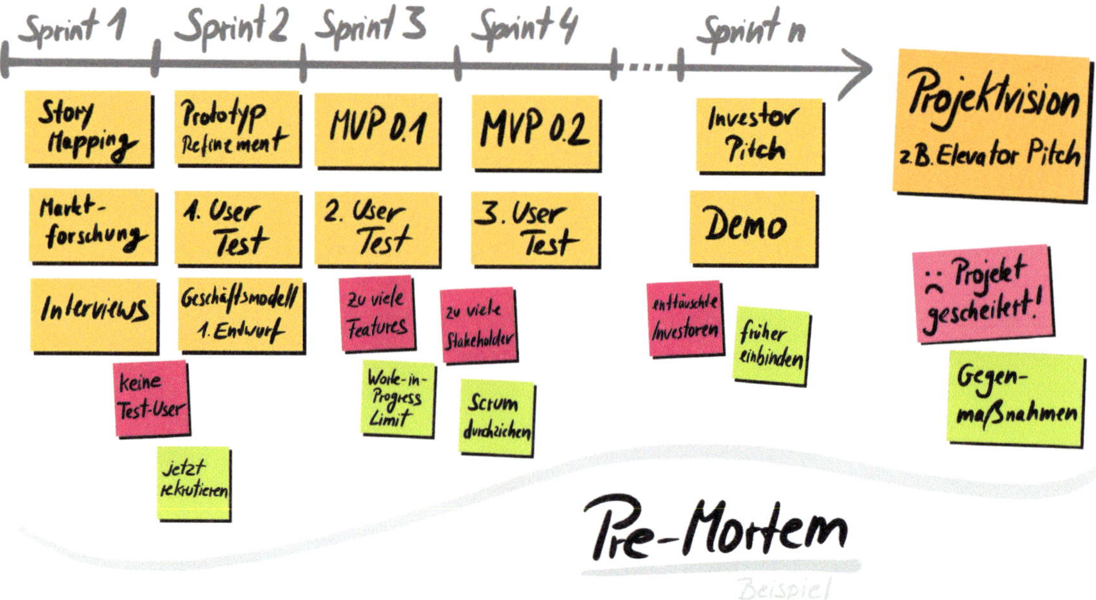

Die Project Journey visualisiert die Zwischenergebnisse des Projekts auf der Zeitachse. Sie wird vom Ende zum Anfang entwickelt. Möglichen Projektrisiken kannst du im Anschluss mit der Pre-Mortem-Übung vorbeugen.

Gib den Teilnehmern Zeit, die angepeilten Zwischenergebnisse in einem Brainstorming zu sammeln. Nach Ablauf der Zeit platzieren die Teilnehmer die Aufgaben-Haftnotizen nach dem Sketch-Say-Stick-Verfahren (vergleiche Seite 115) auf dem Zeitstrahl. Dubletten und verwandte Aufgaben werden direkt beim Ankleben geclustert. Sind alle angepeilten Zwischenergebnisse an der Wand, überprüft das Team noch einmal die zeitliche Staffelung. Bitte zwei Vertreter der Gruppe, vor den anderen die Haftnotizen zu ordnen. Ergebnisse, die zur gleichen Zeit erreicht werden müssen, werden vertikal angeordnet. Ergebnisse, die nacheinander zu erledigen sind, werden horizontal platziert.

Verständige dich mit dem Team auf die drei wichtigsten Meilensteine und kreise sie mit einer Linie ein. Fertig ist der Entwurf der Project Journey!

Project Journey visualisieren

60 Minuten Session-Dauer

- 3 Minuten: Anleitung, Verständigung über den Zielzustand, Elevator Pitch als Repräsentant der Projektvision;
- 7 Minuten Timebox: Individuelles Brainstorming zu Zwischenergebnissen, ein Ergebnis pro Haftnotiz;
- 25 Minuten: Teilen und Aufhängen der Haftnotizen auf dem Zeitstrahl, von hinten nach vorn;
- 25 Minuten: Ordnen der Haftnotizen für mehr Übersicht durch zwei Vertreter der Gruppe, Markierung von bis zu drei wichtigen Zwischenergebnissen, abschließende Diskussion der Project Journey.

Vorbereitung:

Mit Kreppband horizontale Line auf großer Wandfläche oder zwei nebeneinander platzierten Pin-/Whiteboards anlegen.

Risiken mit Pre-Mortem managen

Die Pre-Mortem-Übung dient dazu, mögliche Risiken vor dem Start eines Projekts explizit zu machen, sodass das Team Maßnahmen entwickeln kann, um sie zu minimieren. Entwickelt wurde die Pre-Mortem-Methode von dem amerikanischen Psychologen Gary Klein[38]. Der Name Pre-Mortem ist eine Metapher für die Vorstellung, dass der mögliche Tod des Projekts nicht erst nach Eintreten post mortem, sondern bereits davor diskutiert wird, um ihn zu verhindern.

Bitte die Teilnehmer, sich vorzustellen, dass das Projekt bereits durchgeführt wurde und grandios gescheitert ist. Dafür klebst du eine große Haftnotiz mit Aufschrift »Projekt ist gescheitert« neben die Projektvision (den Elevator Pitch) der Project Journey. Jeder Teilnehmer schaut aus der imaginierten Zukunft zurück und notiert auf Haftnotizen die Gründe, die zu diesem Scheitern geführt haben könnten. Die Farbe der Haftnotizen sollte sich von denen der Zwischenergebnisse der Project Journey unterscheiden. Für die Markierung von Risiken eignen sich pinkfarbene Haftnotizen am besten.

Nach Ablauf der Zeit präsentieren die Teilnehmer ihre Haftnotizen, indem sie sie unter dem Zeitstrahl und den Haftnotizen der Project Journey anbringen. Die Teilnehmer werden dabei auf negative Erfahrungen aus vorangegangen Projekten zugreifen. Nachdem alle Gründe für ein mögliches Scheitern des Projekts aufgehängt sind, bittest du sie, mit drei Klebepunkten die Projektrisiken zu priorisieren. Bitte zwei Freiwillige, die hoch priorisierten Haftnotizen zu clustern.

Teile Paare oder Trios auf die Risikocluster auf und bitte sie, Gegenmaßnahmen zu entwickeln, um die Risiken zu minimieren. Nach Ablauf der Zeit präsentieren die Kleingruppen ihre Ideen für Gegenmaßnahmen auf grünen Haftnotizen, indem sie sie in der Nähe der Risiken auf der Project Journey platzieren.

Risiken mit Pre-Mortem managen

60 Minuten Session-Dauer

- 3 Minuten: Anleitung;
- 7 Minuten Timebox: Individuelles Brainstorming zu Gründen für einen Misserfolg, ein Grund pro Haftnotiz, pinkfarbene Haftnotizen verwenden;
- 15 Minuten: Gemeinsames Aufhängen, Kommentieren und Ordnen der Aktivitäten unter dem Zeitstrahl der Project Journey;
- 5 Minuten: Drei Klebepunkte für jeden Teilnehmer, um die größten Risiken zu markieren;
- 5 Minuten: Ordnen der bepunkteten Haftnotizen für mehr Übersicht, Diskussion, Paare oder Trios bilden;
- 5 Minuten: Kleingruppen erarbeiten Gegenmaßnahmen gegen unerwünschten Zielzustand, pro grüner Haftnotiz eine Maßnahme;
- 20 Minuten: Kleingruppen stellen Gegenmaßnahmen vor, Zuordnung zu Risiken, abschließende Diskussion.

Vorbereitung:

- Haftnotizen 76 × 76 mm in pink, grün und einer weiteren Farbe;
- genügend Platz unter dem Zeitstrahl der Project Journey frei halten.

Commitment checken mit dem Teamkreis

Mit der Einladung in den Workshop hast du idealerweise potenzielle Mitglieder des designierten Projektteams zusammengebracht. Im bisherigen Verlauf des Workshops hast du die Kompetenz aller Teilnehmer genutzt, um das Projekt zu strukturieren.

Da an den ersten beiden Workshop-Tagen zunächst entwickelt wird, was genau erreicht werden soll, fehlt Teilnehmern und Entscheidern zu Beginn die Grundlage für ein klares Commitment zur Bildung eines Projektteams.

Mit dem Teamkreis kannst du jetzt überprüfen, welche Teilnehmer sich nach zwei Tagen Konzeptarbeit weiterhin als Teil des designierten Projektteams verstehen. Diese Information kannst du nach dem Workshop an Entscheider herantragen, um die Bildung eines offiziellen Projektteams anzustoßen.

Führe die Teilnehmer zurück zu den Steckbriefen, die sie zu Beginn in und um den Teamkreis platziert haben (vergleiche Seite 109). Bitte die Teilnehmer, die Position

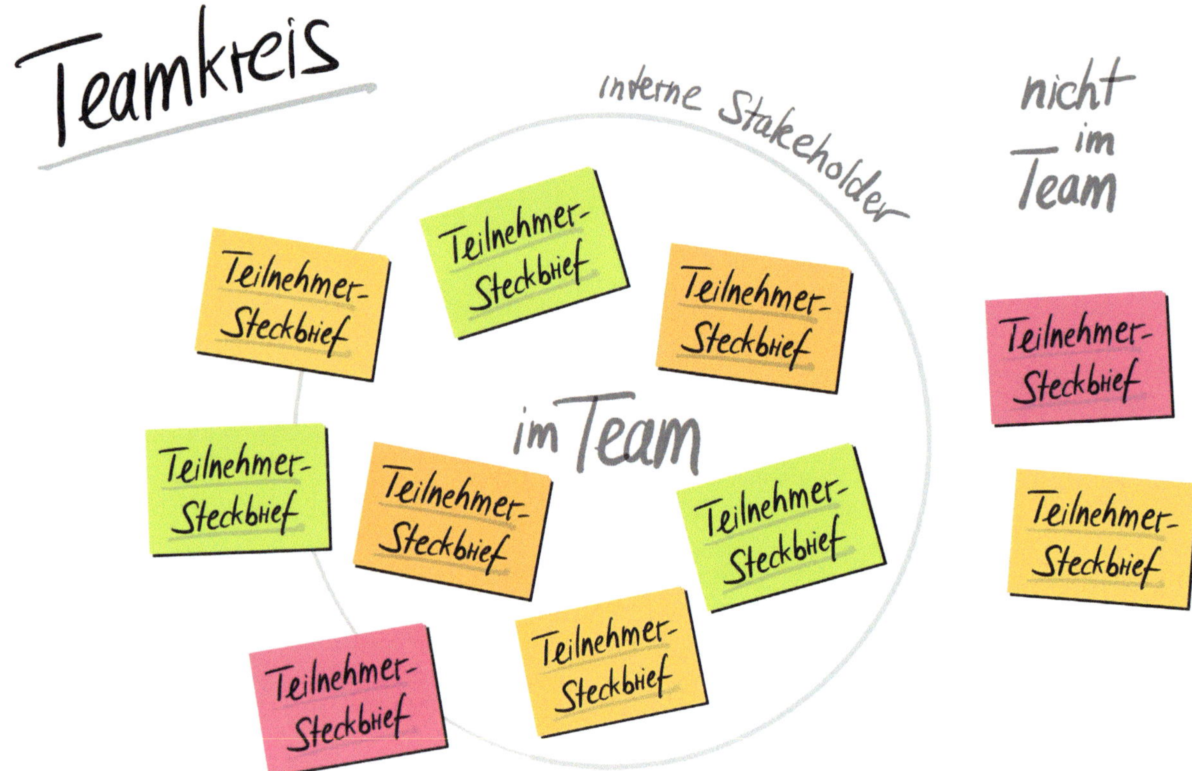

Wer ist drin im Team? Wer bleibt draußen oder an der Peripherie? Der Teamkreis visualisiert, welche Teilnehmer sich als Teil des designierten Projektteams verstehen.

des Haftnotiz-Steckbriefs, den sie am ersten Workshop-Tag erstellt haben, zu überprüfen. Der Kreis repräsentiert das Projektteam. Hat sich ihre Position durch den bisherigen Erkenntnisprozess verändert? Sehen sie sich im Projektteam oder eher außerhalb in der Rolle eines Stakeholders oder Beraters?

Die ideale Größe eines Projektteams beläuft sich auf vier bis sieben Personen. Wird diese Zahl im Teamkreis erreicht, besteht eine gute Chance, dass ein motiviertes Projektteam gebildet werden kann. Liegt die Zahl niedriger, hast du womöglich die falschen Leute eingeladen oder mit den Führungskräften vorab nicht ausreichend geklärt, wie es nach dem Workshop weitergehen soll (vergleiche Seite 88). Einige Teilnehmer werden sich weiterhin außerhalb platzieren, andere auf der Kreislinie, weil sie sich nicht entscheiden wollen oder können, ob sie zum Projektteam gehören. Frage in diesem Fall nach, was die Platzierung auf der Linie genau bedeutet, und passe die Benennung der Position gegebenenfalls an.

Commitment checken mit dem Teamkreis

10 Minuten Session-Dauer

- 3 Minuten: Anleitung und Umhängen der Steckbriefe vom ersten Workshop-Tag;
- 7 Minuten: Diskussion.

Vorbereitung:

Haftnotiz-Steckbriefe und Teamkreis aus Vorstellungsrunde des ersten Workshop-Tages für das Team sichtbar machen.

Way-of-Working-Manifest erstellen

Für die reibungslose Zusammenarbeit im Projektteam ist es hilfreich, dass sich das Team auf gemeinsame Verhaltensrichtlinien für die Zusammenarbeit im Projekt verständigt. Sie werden in einem Way-of-Working-Manifest dokumentiert.

Zu Beginn des Workshops haben sich die Teilnehmer bereits auf Workshop-Regeln verständigt (vergleiche

Seite 112). Weise das Team erneut auf diese Regeln hin und bitte sie, auf deren Grundlage ein Manifest zu erarbeiten.

Bilde Paare oder Trios und bitte sie, die bisherigen Vereinbarungen kritisch zu hinterfragen, präziser zu formulieren und gegebenenfalls neue Regeln zu kreieren. Die Vorschläge werden nach Ablauf der Zeit auf Haftnotizen präsentiert. Lasse alle Haftnotizen durch zwei freiwillige Vertreter der Workshop-Gruppe clustern. Um das Manifest einfach zu halten, erhält jeder Teilnehmer zwei Klebepunkte, um die wichtigsten Arbeitsvereinbarungen auszuwählen.

Erläutere, dass das Way-of-Working-Manifest jederzeit durch das Team ergänzt und geändert werden kann. Benenne einen Teilnehmer, der die Regeln im Nachgang zum Workshop auf einem Poster zusammenfasst und an das Team verteilt.

Am dritten Workshop-Tag werden die Arbeitsvereinbarungen für den Workshop zum Way-of-Working-Manifest weiterentwickelt.

Way-of-Working-Manifest erstellen

15 Minuten Session-Dauer

- 2 Minuten: Anleitung, Aufteilung in Kleingruppen (Paare oder Trios);
- 5 Minuten Timebox: Diskussion, Ergänzung und präzisere Formulierung der bisherigen Arbeitsvereinbarungen auf Haftnotizen;
- 5 Minuten: Kleingruppen präsentieren Ergebnisse, Clustern der Ergebnisse durch zwei Freiwillige, gegebenenfalls Priorisierung der Cluster mit Klebepunkten auf die wichtigsten, zwei Punkte pro Teilnehmer;
- 3 Minuten Timebox: Auswahl der besten Formulierungen aus den Clustern mit der höchsten Priorisierung, Auftrag für Poster-Erstellung und -verteilung an ausgewählten Teilnehmer.

Vorbereitung:

Sichtbarmachung der Arbeitsvereinbarungen aus der Intro des ersten Workshop-Tages.

Arbeitsmethode mit Projektteam vereinbaren

In vielen Organisationen werden komplexe Projekte heute mithilfe der agilen Frameworks Kanban, Scrum oder Lean Start-up vorangetrieben. Anders als das klassische Projektmanagement beruhen diese Ansätze auf Nutzerzentrierung, iterativ-empirischem Vorgehen und crossfunktionaler Teamarbeit.

Kanban zerlegt die Arbeit in handhabbare Pakete und visualisiert Stationen und Kapazitäten des Arbeitsprozesses, durch die diese Pakete fließen.

Scrum unterteilt die Arbeit in Mini-Projekte von maximal vier Wochen Länge und arbeitet mit den vordefinierten Teamrollen Product Owner, Scrummaster und Entwicklungsteam. Die Ergebnisse jeder Arbeitsphase werden in Reviews auf ihren Beitrag zur Zielerreichung überprüft.

Soll ein Konzept im Rahmen eines auf längere Zeit angelegten Innovationsprozesses weiter geschärft werden, bietet sich das Lean Start-up-Framework als Arbeitsmo-

Kompetenzmatrix

Beispiel

Spaltentitel = Cluster aus Brainstorming Aufgaben

	User Testing	Product Owner	Team Coaching	User Experience	Frontend Dev.	Backend Dev.	Software Architect	Data Scientist
Silvio	✓		○	○	↗			
Sandra		✓		↗			○	↗
Stefan	↗			↗	○	✓	↗	
Sabine			↗		✓			○

✓ Experte

○ Basiswissen

↗ Lerner

Legende Kompetenzen

Mit der Kompetenzmatrix erarbeiten die Teilnehmer, welche Kompetenzen sie im Team benötigen. Gleichzeitig wird sichtbar, welche Expertenrollen im Team bereits vertreten sind.

dell an. Lean Start-up ist ein Ansatz, um konzeptkritische Annahmen in Experimenten mit Nutzern empirisch zu validieren. Ursprünglich gedacht für die Suchphase von Start-ups nach einem tragfähigen Geschäftsmodell, eignet sich das Lean Start-up-Framework auch für Innovations- und Change-Projekte in Unternehmen.

Alternativ kann das Projekt auch mit klassischen Projektmanagement-Methoden umgesetzt werden.

Kompetenzmatrix für Rollendefinition

Mit der Project Journey haben die Teilnehmer die anstehende Arbeit visualisiert und die Risiken abgeschätzt, mit dem Teamkreis haben sie das designierte Projektteam bestimmt und mit dem Way-of-Working-Manifest die Regeln ihrer Zusammenarbeit bestimmt. Sind alle notwendigen Kompetenzen an Bord? Wer macht was? Mit der Kompetenzmatrix von Anders Laestadius[39] hilfst du dem Team, die für ein Projektvorhaben benötigten Kompetenzen zu identifzieren und mit den vorhandenen Kompetenzen der Teammitglieder abzugleichen.

Gib den Teilnehmern zunächst Zeit, Kompetenzen auf Haftnotizen zu brainstormen, die sie nach eigener Einschätzung für die erfolgreiche Umsetzung des Projekts benötigen. Ermutige sie, sich dafür noch einmal die Project Journey anzuschauen. Die Haftnotizen werden während der Präsentation auf einer Pinnwand gesammelt. Bitte zwei Teilnehmer, die Kompetenzen im Auftrag der Gruppe zu clustern und mit eindeutigen Überschriften zu versehen. Lasse die Cluster-Überschriften auf die Spalten einer großen Tabelle übertragen, die du auf einer breiten Wand oder über zwei Pinnwände hinweg vorbereitet hast. Reserviere die erste Spalte für die Teilnehmer, die untereinander auf Haftnotizen angeordnet werden. Wenn es schnell gehen muss, kannst du dafür die Steckbrief-Haftnotizen aus dem Teamkreis (vergleiche Seite 212) verwenden.

Nachdem die Kompetenzmatrix entworfen wurde, schätzt jeder selbst ein, inwieweit er über die notwendigen Kompetenzen verfügt. Schlage dem Team die folgenden vier Kompetenzstufen vor:

- »Ich bin Experte.«
- »Ich verfüge über Basiswissen.«
- »Ich möchte das lernen.«
- »Ich kann oder möchte das nicht machen.«

Sofern das Team weitere Stufen wünscht, führe diese jetzt ein. Erfinde für jede Kompetenzstufe – mit Ausnahme der letzten – ein Symbol, das sich einfach auf einer kleinen Haftnotiz skizzieren lässt – zum Beispiel einen Kreis mit Kreuz für Experten, einen leeren Kreis für Basiswissen und einen Pfeil nach oben für Lerner.

Im nächsten Schritt tritt die gesamte Gruppe vor die Pinnwand mit der Kompetenzmatrix. Jetzt fügt jeder Teilnehmer in seiner Zeile in jeder Spalte eine Haftnotiz mit dem Symbol seiner Kompetenzstufe hinzu. Spalten mit Kompetenzen außerhalb des eigenen Profils (»Ich kann oder möchte das nicht machen«) werden leer gelassen.

Führe eine abschließende Diskussion, wer sich als Hauptverantwortlicher einer Kompetenzfeld-Spalte versteht. Mit ihrem Commitment zu einzelnen Kompetenzen markieren die Teilnehmer gleichzeitig die Rolle, die sie im Team einnehmen wollen. In den Spalten, in denen keine einzige Haftnotiz hängt, offenbaren sich Kompetenzlücken des Teams, die es vor dem Start des Projekts zu füllen gilt. Diskutiere abschließend, wie das Team vorgehen will, um die Kompetenzlücken zu füllen.

Kompetenzmatrix für Rollendefinition

60 Minuten Session-Dauer

- 3 Minuten: Anleitung,
- 7 Minuten: Individuelles Brainstorming benötigter Kompetenzen auf Haftnotizen;
- 10 Minuten: Haftnotizen mit Kompetenzen vorstellen, auf große Fläche platzieren;
- 10 Minuten: Zwei Vertreter der Gruppe clustern die Kompetenzen und ordnen passende Überschriften zu;
- 5 Minuten: Vertreter ordnen Steckbriefe der Teammitglieder in erster Spalte der Kompetenzmatrix vertikal und Überschriften der Kompetenz-Cluster horizontal als Spaltentitel an;
- 5 Minuten: Kompetenzstufen vorstellen, gegebenenfalls weitere Kompetenzstufen und einfache Symbolik vereinbaren;
- 10 Minuten: Teilnehmer schätzen ihre Kompetenzstufe selbst ein und nutzen Haftnotizen, um sie mit den vereinbarten Stufensymbolen auf der Kompetenzmatrix zu markieren;
- 10 Minuten: Diskussion – Wer nimmt welche Rolle ein? Wie werden Kompetenzlücken geschlossen?

Vorbereitung:

- Tabelle für Kompetenzmatrix auf breiter Wand mit Klebeband markieren oder auf zwei nebeneinander gestellte Pinnwände zeichnen, Zeilen und Spalten groß genug anlegen für Haftnotizen;
- Haftnotizen 76 × 76 mm bereitlegen.

7.5 Rahmenbedingungen klären

Die Projektvision ist geklärt, der Weg dahin ist besprochen. Das Team hat sich verständigt, wer dabei ist, wer was tut, wer noch fehlt und wie es zusammenarbeiten will. Aber wie sehen die Rahmenbedingungen aus, die den Handlungsspielraum des Projektteams eingrenzen?

In großen Organisationen ist es hilfreich, sich einen Überblick über das Umfeld des Projekteams zu verschaffen, um externe Abhängigkeiten im Blick zu behalten. Zu diesem Zweck erstellen die Teilnehmer eine Context Map, die die Schnittstellen und die Qualität der Außenbeziehungen darstellt. Die Context Map kartiert alle Akteure, die auf das Projektteam Einfluss nehmen – zum Beispiel Manager, Abteilungen oder Partnerunternehmen, die einzubinden sind.

Im ersten Schritt analysiert das Team den Istzustand. Dafür zeichnest du einen Kreis in die Mitte eines Flipcharts. Der Kreis repräsentiert das Projektteam. Ziehe

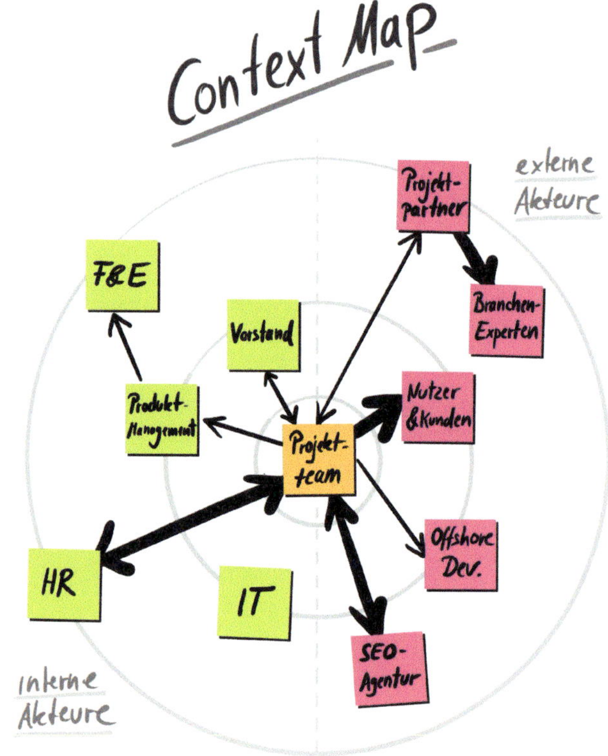

Mit der Context Map macht sich das Projektteam bewusst, welche Interessen und Abhängigkeiten das Umfeld des Projektteams bestimmen.

zwei weitere Ringe um den zentralen Kreis. Bitte die Teilnehmer, die Namen relevanter Akteure auf kleine Haftnotizen zu schreiben und sie um den Kreis herum anzuordnen. Je näher die Haftnotiz am zentralen Kreis des Teams platziert wird, desto wichtiger ist der Akteur für den Projekterfolg.

Tipp: Context Map für Umfeldanalyse

Die Context Map ist ein universelles Tool. Statt für die Exploration des Umfeldes des Projektteams kannst du sie auch nutzen, um das Umfeld der Nutzer darzustellen, für die eine Lösung entworfen werden soll.

Lasse im zweiten Schritt zwei Vertreter der Gruppe Verbindungslinien zwischen den Akteuren und dem Teamkreis ziehen. Dünne Linien stehen für eine schwache Kommunikationsbeziehung, dicke Linien für eine starke. Die Linien können zusätzlich mit Richtungspfeilen und Beschriftungen versehen werden, um die Interessen der Akteure und die Qualität der Beziehungen zu beschreiben.

Für eine bessere Übersicht kannst du die Context Map wie ein Tortendiagramm in mehrere Segmente aufteilen – zum Beispiel, um die Zugehörigkeit von Akteuren zu verschiedenen Unternehmensbereichen darzustellen oder um unternehmensinterne Akteure von externen zu unterscheiden.

Schließlich bittest du das Team, alle Akteure auf der Context Map durchzusprechen. Lasse das Team markieren, ob sie dem Projekt positiv (Plus-Zeichen), neutral (ohne Symbol) oder ablehnend (Minus-Zeichen) gegenüberstehen. Ist der Akteur wichtig (innerer Kreis), aber die Beziehung schwach (dünne Linie)? Was kann das Team tun, um die Beziehung zu verbessern? Lasse das Team mögliche Maßnahmen brainstormen und den relevanten Akteuren auf der Context Map zuordnen.

Rahmenbedingungen klären mit der Context Map

45 Minuten Session-Dauer

- 3 Minuten: Anleitung;
- 12 Minuten: Entwurf der Context Map, Akteure auflisten und platzieren, Kommunikationsbeziehungen visualisieren;
- 10 Minuten: Context Map präsentieren und gemeinsam kommentieren;
- 10 Minuten: Maßnahmen brainstormen, um wichtige Akteure einzubinden;
- 10 Minuten: Maßnahmen vorstellen und zuordnen.

Vorbereitung:

- Flipchart mit drei konzentrischen Ringen vorbereiten;
- kleine Haftnotizen 48 × 48 mm in verschiedenen Farben bereitstellen.

7.6 Ausklang Workshop-Tag 3

Am ersten Tag des Innovationstarter-Workshops haben die Teilnehmer mit deiner Hilfe die Nutzer und ihre Bedürfnisse in den Blick genommen, am zweiten Tag haben sie co-kreativ eine Lösung entworfen, am dritten Tag haben sie im Kick-off das Projekt definiert. Jetzt ist es Zeit, den Workshop zu schließen.

Genauso wie an Tag 1 und Tag 2 beendest du den dritten Tag mit einer Retrospektive. Damit stimmen sich die Teilnehmer gleichzeitig auf die künftige Zusammenarbeit im Projekt ein.

Teamwork verbessern mit Retrospektive

Nutze erneut die Starfish-Methode als Retrospektiven-Tool (vergleiche Seite 148).

Dieses Mal führst du die Retrospektive mit der gesamten Workshop-Gruppe durch. Teile die Gruppe in Teams von drei bis vier Personen auf. Gib ihnen Zeit für das Erstellung von Haftnotizen und bitte die Teams, ihren Input auf einem gemeinsamen Starfish zu platzieren.

Bitte die Teilnehmer abschließend, mit zwei Punkten pro Person zu bewerten, welche der Themen auf dem Starfish auch für die nun folgende Projektarbeit gelten sollen. Besprich konkrete Regeln für die hoch bepunkteten Themen und übernimm sie in das Way-of-Working-Manifest.

Tipp: Retromat für Retrospektiven

Wenn du häufiger Retrospektiven durchführst und wissen möchtest, wie man längere Formate in Scrum-Projekten durchführen und ausgestalten kann, schaue dir die Website https://retromat.org an. Dort findest du zahlreiche Beispiele für Methoden, die du alternativ zum Starfish nutzen kannst.

Teamwork verbessern mit Retrospektive

15 Minuten Session-Dauer

- 3 Minuten: Anleitung,
- 7 Minuten: Pro Team – jedes Teammitglied erstellt maximal zwei Haftnotizen pro Kategorie des Starfish und teilt diese mit dem gesamten Team, kurze Diskussion zu möglichen Verbesserungen;
- 5 Minuten: Zwei Punkte pro Teilnehmer, Bewerten der wichtigsten Themen für die Arbeit im Projektteam, konkrete Regeln ableiten und in Way-of-Working-Manifest übernehmen.

Vorbereitung:

- Starfish-Template unter dem folgenden Link herunterladen: bit.ly/jensottolange-starfish-retro;
- einen A4-Ausdruck pro Team in die Mitte eines Flipcharts hängen;
- Linien mit Marker zum Rand zum Starfish verlängern.

Nächste Schritte mit Who, What, When

Plane zum Ende des Workshops ausreichend Zeit für die Festlegung von nächsten Schritten und Verantwortlichkeiten ein. So stellst du sicher, dass die Ergebnisse nicht versanden.

Die Who-What-When-Matrix[40] ist ein einfaches Tool, um am Ende eines Workshops konkrete nächste Schritte festzulegen.

Schreibe »Who?«, »What?« und »When?« jeweils auf eine große Haftnotiz. Klebe die drei Haftnotizen in dieser Reihenfolge als Spaltentitel auf ein Board oder Flipchart. Klebe die Namen der Teilnehmer unter die »Who?«-Spalte. Wenn es schnell gehen muss, kannst du die Steckbriefe aus der Vorstellungsrunde nutzen.

Die Who-What-When-Matrix ist ein einfaches Werkzeug, um am Ende des Workshops konkrete nächste Schritte festzulegen.

Gib den Teilnehmern Zeit, um sich zu überlegen, welche Aktivitäten sie beitragen können, um mit dem Projekt voranzukommen. Bitte sie, die Aktivitäten auf Haftnotizen zu notieren und selbst in die »What?«-Spalte zu ihrem Namen zu hängen. Dubletten oder verwandte Aktivitäten werden diskutiert und gegebenenfalls zusammengefasst.

Bitte diejenigen, die Aufgaben übernehmen, um einen Terminvorschlag für die Erledigung der Aufgabe und trage diesen unter »When?« ein. Frage Teilnehmer, die nur wenige oder gar keine Aktivitäten übernommen haben, was du tun kannst, damit sie mehr beitragen.

Die Platzierung der Teilnehmernamen in der Spalte »Who?« in der ersten Spalte und die Zuordnung durch die Teilnehmer selbst unterstützt die aktive Übernahme von Verantwortung für die anstehenden Aufgaben. Nicht du als Designfacilitator vergibst die Aufgaben, sondern die Teilnehmer organisieren sich selbst.

Nächste Schritte mit Who, What, When

30 Minuten Session-Dauer

- 5 Minuten: Anleitung, Teilnehmer formulieren Aufgaben auf Haftnotizen;
- 10 Minuten: Teilnehmer platzieren Haftnotizen zu ihrem Namen auf der Matrix;
- 10 Minuten: Gemeinsame Diskussion, Clustering, Umsortierung;
- 5 Minuten: Termine zuordnen.

Vorbereitung:

- Who, What, When-Matrix mit Haftnotizen auf Pinnwand, Whiteboard oder Flipchart anlegen;
- Tabelle durch Steckbriefe in erster Spalte und Spaltentitel für Who, What, When auf Haftnotizen andeuten, für flexible Platzerweiterung auf Rahmenlinien verzichten.

Feedback zum Workshop

Oft ist es schwer einzuschätzen, wie ein Workshop von den Teilnehmern wahrgenommen wird. Mit einer abschließenden Feedback-Session sammelst du Input und Ideen für deinen nächsten Workshop als Designfacilitator.

Frage das Feedback direkt zum Ende des Workshops ab, um herauszufinden, ob der Workshop aus Sicht der Teilnehmer sein Ziel erreicht hat. Verzichte auf langwierige Fragebögen – zum Ende des Workshops fehlt den Teilnehmern oft die Zeit und Energie, um sich mit Formularen zu beschäftigen. Bitte die Teilnehmer stattdessen, sich für das Feedback für ein abschließendes Stand-up aufzustellen, und erkläre ihnen das Feedback-Format.

Ist keine Zeit mehr übrig für eine Feedback-Session? in diesem Fall bittest du die Teilnehmer, ihr Feedback beim Verlassen des Workshopraums zu hinterlassen. Lege dafür einige Stifte und Haftnotizen bereit.

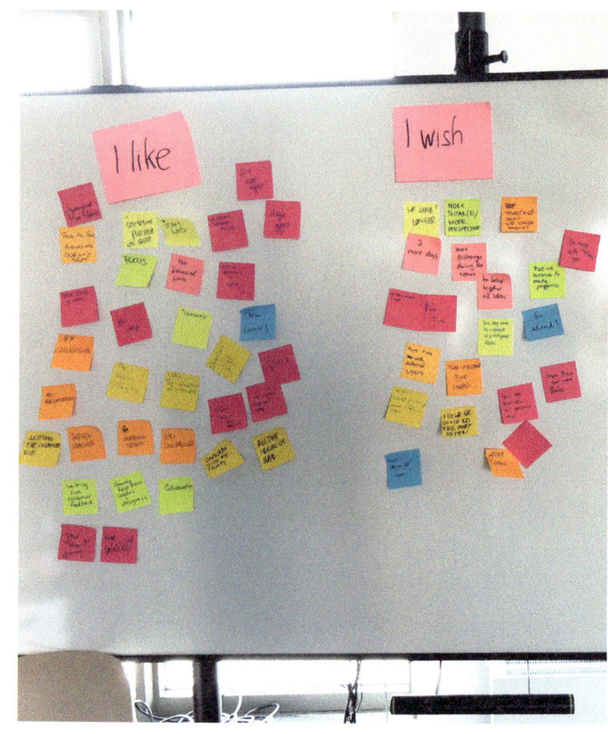

Workshop-Feedback mit I like, I wish.

Nachfolgend stelle ich dir zwei optionale Feedback-Werkzeuge vor.

Feedback mit I like, I wish

I like, I wish ist ein klassisches Feedback-Format aus dem Design Thinking-Methodenbaukasten für konstruktives, wertschätzendes Feedback, das sich für jede Art von Workshop eignet.

Bereite ein Flipchart mit zwei Spalten vor. Die erste Spalte überschreibst du mit »I like«, die zweite mit »I wish«. Gib den Teilnehmern einige Minuten Zeit, ihr Feedback auf Haftnotizen zu notieren. Nach Ablauf der Zeit teilen sie ihr Feedback mündlich, während sie die Haftnotiz auf das Flipchart kleben. Höre einfach zu, bedanke dich für die Beiträge und vermeide, als Designfacilitator direkt Stellung zu dem Feedback zu nehmen, sofern es dich und deine Moderation betrifft.

Feedback mit I like, I wish

10 Minuten Session-Dauer

- 3 Minuten: Anleitung, individuelles Notieren von Feedback auf Haftnotizen;
- 7 Minuten: Teilen der Notizen auf Flipchart.

Vorbereitung:

- Flipchart mit Spalten für I like, I wish;
- Haftnotizen und Stifte in Griffweite bereitlegen.

Optional: Feedback mit ROTI – Return on time invested

ROTI steht für »Return on time invested«. Teilnehmer schätzen mit der ROTI-Skala ein, inwieweit sich der Zeiteinsatz für den Workshop für sie gelohnt hat.

Verwende ROTI in Organisationen, in denen es viele Meetings gibt, deren Sinn und Effektivität angezweifelt wird.

Male eine aufsteigende Linie auf ein Flipchart und teile sie mit zwei Skalenpunkten in vier Abschnitte auf und markiere Anfangspunkt, Skalenpunkte und Endpunkt mit den folgenden Kürzeln:

- **R << T**: Zu viel investierte Zeit angesichts des Nutzens
- **R < T**: Zeitinvestment etwas zu hoch
- **R > T:** Höhere Nutzen, Workshop war sinnvoll
- **R >> T:** Sehr effektiver, wertvoller Workshop

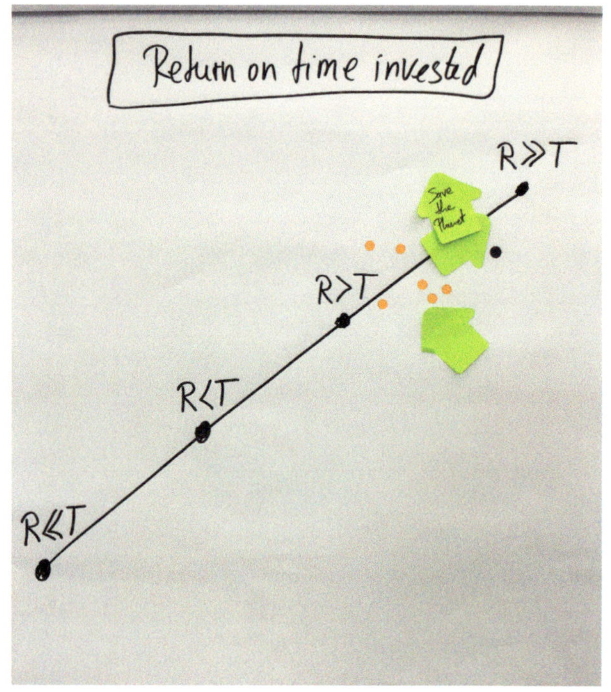

Workshop-Feedback mit ROTI Return on Time invested.

Bitte die Teilnehmer, einen Klebepunkt auf die Skala zu setzen. Nachdem alle ihren Klebepunkt platziert haben, frage zusätzlich, was passieren müsste, um auffällig weit unten platzierte Klebepunkte weiter nach oben rechts zu verschieben.

Feedback mit ROTI

10 Minuten Session-Dauer

- 3 Minuten: Anleitung, einen Klebepunkt an jeden Teilnehmer austeilen;
- 7 Minuten: Punkte kleben, Diskussion des Ergebnisses.

Vorbereitung:

- Flipchart mit ROTI-Graph anlegen;
- Klebepunkte, Haftnotizen und Stifte in Griffweite bereitlegen.

Stand-up als Schlussritual

Du hast es geschafft! Nach dem Feedback bittest du die Teilnehmer, sich zu einem abschließenden Stand-up noch einmal im Kreis aufzustellen. Bedanke dich bei den Teilnehmern und schließe den Workshop mit einem Klatschen.

Stand-up als Schlussritual

5 Minuten Session-Dauer

- Aufstellung im Kreis,
- Initiative zum abschließenden Klatschen.

7.7 Follow-up-Kommunikation

Zu jedem Workshop gehört eine Dokumentation der Ergebnisse, die du in einer Follow-up-E-Mail bereitstellen kannst. Sichere die Ergebnisse mit Sorgfalt, denn sie dienen dir und anderen Beteiligten als Input für die detaillierte Beschreibung des Projekts im Projektantrag.

Das Foto-Protokoll sowie die Videos der Pitches dokumentieren die Ergebnisse des Workshops. Lege Fotos und Videos auf einem Online-Speicher ab (zum Beispiel Dropbox, Google Back-up & Sync, Microsoft OneDrive), um sie an Teilnehmer zu verteilen. Erkundige dich vorab, welche Dienste für die Teilnehmer durch die Firewall des Unternehmens erreichbar sind. Alternativ kannst du den File-Transfer-Dienst »wetransfer.com« nutzen, um das Foto-Protokoll direkt an die Teilnehmer zu versenden.

Ordne das Fotomaterial nach dem Ende des Workshops in sinnvoll benannte und nummerierte Online-Ordner, die du per Download-Link an die Teilnehmer versendest. Die Fotos kannst du nach Arbeitsphasen und Teamergebnissen in Ordner sortieren. Nutze die Namen der Ideen für die Ordnerbezeichnungen. Deine Struktur hilft den Teilnehmern, sich im Nachgang an die Bedeutung und den thematischen Kontext der Fotodokumente zu erinnern.

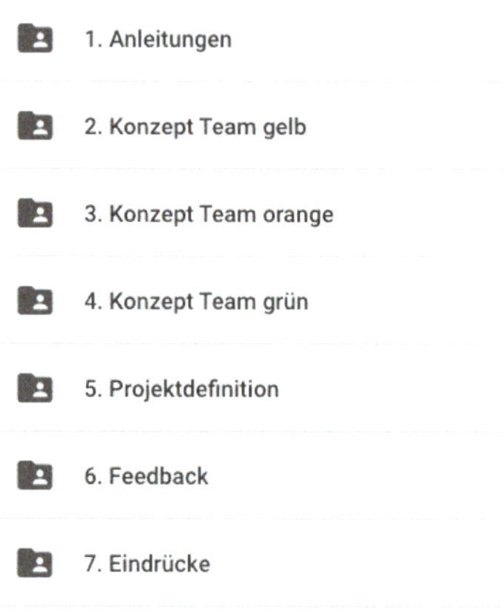

Stelle das Fotoprotokoll und die Materialien über einen digitalen Online-Speicher bereit. Ordne die Inhalte in eindeutig benannte und nummerierte Ordner.

Wenn du mehr Zeit für die Dokumentation aufwenden willst, kannst du die Fotos auch in eine Präsentation einbetten, in der du die einzelnen Phasen und Ergebnisse kommentierst. Eine Präsentation ist hilfreich, wenn du Unbeteiligten die Ergebnisse des Workshops vorstellen willst.

Füge einen Link auf die Online-Ablage des Fotoprotokolls in deine Follow-up-E-Mail ein, zusammen mit Links auf weiterführende Infos sowie auf Downloads von Vorlagen und Folien, die du verwendet hast. Liste in der Follow-up-E-Mail noch einmal die nächsten Schritte auf, die du mit den Teilnehmern vereinbart hast.

Geschafft! Mit dem dreitägigen Sprint des Innovationstarter hast du den Grundstein für dein neues Projekt gelegt.

7.8 Vorlage: Microtiming Tag 3

Auf der folgenden Seite findest du den Ablauf des 3. Tages als tabellarischen Überblick.

Unter dem Link bit.ly/jensottolange-innovationstarter-microtiming kannst du dir eine digitale Fassung der Vorlage herunterladen.

Innovationstarter Sprint – Microtiming Tag 3
Dreitägiges Workshop-Format zur Definition komplexer Projektvorhaben mit Design Thinking

Start	Dauer	Innovationstarter Tag 3: Projekt definieren
9:00	**0:20**	Stand-up und Team-Check-in
9:20	**0:30**	Projektvision schärfen mit Elevator Pitch
9:50	**3:25**	Team Alignment (Gesamtdauer ohne Pausen)
9:50	1:00	Project Journey entwerfen
10:50	**0:15**	Pause
11:05	1:00	Risiken mit Pre-Mortem managen
12:05	0:10	Commitment checken mit dem Teamkreis
12:15	**1:15**	Mittagspause
13:30	0:15	Way-of-Working-Manifest erstellen
13:45	1:00	Kompetenzmatrix für Rollendefinition
14:45	**0:15**	Pause
15:00	0:45	Rahmenbedingungen klären mit der Context Map

15:45	**0:15**	Pause
16:00	**1:00**	Ausklang Tag 3 (Gesamtdauer)
16:00	0:15	Teamwork verbessern mit Retrospektive
16:15	0:30	Nächste Schritte mit »Who, What, When«
16:45	0:10	Feedback zum Workshop
16:55	0:05	Stand-up als Schlussritual
17:00		Ende

Design Thinking-Workshops remote durchführen

8.1 Workshops virtuell durchführen

Workshops remote per Video-Conferencing und Chat durchführen? Wie soll das gehen? Die Erfahrung zeigt: Das kann sehr gut gehen! Viele Digital-Unternehmen wie das deutsche Start-up Komoot[41] verfolgen schon länger einen Remote-first-Ansatz, bei dem die Zusammenarbeit über verteilte Standorte hinweg die Regel bildet und der Gang ins zentrale Büro die Ausnahme. Eher traditionelle Unternehmen sind spätestens mit der Corona-Krise in die Remote-Zusammenarbeit eingestiegen. Und in der Welt der Design Thinking-Workshops, in der unter Coaches die physische Präsenz als gesetzt galt, wird seither ausgiebig mit Remote-Workshop-Formaten experimentiert. Auch ein kreativer Konzeptfindungsprozess auf Basis von Design Thinking muss nicht zwangsläufig onsite in einem physischen Workshop-Raum stattfinden.

Was also solltest du bedenken, wenn du den Innovationstarter-Workshop remote durchführen willst? Dazu schauen wir uns zunächst einmal die spezifischen Einschränkungen an, mit denen du dich bei der Planung und Moderation eines Remote-Workshops auseinandersetzen musst. Samuel Tschepe von der D-School Potsdam führt in seinem Artikel über virtuelle Meetings[42] drei wesentliche Einschränkungen an, die eine dynamische, co-kreative Zusammenarbeit in Remote-Workshops erschweren:

- Sowohl für Teilnehmer als auch für dich als Designfacilitator ist es unmöglich, soziale Signale wie Gestik, Mimik, Körpersprache oder Raumpositionen in gleicher Dichte wahrzunehmen wie vor Ort – besonders dann, wenn die Kamera ausgeschaltet bleibt. So ist es beispielsweise für alle Teilnehmer schwierig abzuschätzen, wer in Diskussionen jeweils an der Reihe ist.
- Durch die fehlende, physische Präsenz fühlen sich die Teilnehmer weniger verbunden und verantwortlich. Die Aufmerksamkeitsspanne sinkt; Ablenkungen aus dem räumlichen Umfeld der Teilnehmer sowie die passive, bewegungsarme Haltung vor dem Bildschirm verstärken diesen Effekt.

- Im digitalen Raum steigt das Risiko, dass introvertierte, zurückhaltende oder einfach weniger technikversierte Teilnehmer nicht wahrgenommen werden, was zu Gefühlen von Isolation und Missachtung führen kann.

Neben diesen gruppendynamischen Faktoren erfordert allein der Umgang mit der Technik zusätzliche Aufmerksamkeit. Die Teilnehmer benötigen mehr Zeit, um sich in der digitalen Arbeitsumgebung zu orientieren und die dafür notwendigen Fertigkeiten aufzubauen. Darüber hinaus beeinflussen verfügbare Bandbreiten, Endgeräte, Software-Lizenzen und IT-Security-Regelungen die technische Zugänglichkeit zu digitalen Workspaces. Diese Herausforderungen musst du bei der Planung deines Remote-Workshops im Auge behalten. Auf der anderen Seite eröffnet dir die Unabhängigkeit von räumlichen Begrenzungen neue konzeptionelle Möglichkeiten. In diesem Kapitel möchte ich dir einige Anregungen dafür geben und dich ermutigen, die neuen Möglichkeiten durch eigene Experimente weiter auszuleuchten.

Beispiel: Remote-Workshop über fünf Orte und drei Zeitzonen

Im März 2020 hatte ich die Gelegenheit, für rund hundert Teilnehmer einen unternehmensinternen Remote-Workshop im Barcamp-Format durchzuführen. Der Workshop verband Teilnehmer an fünf Standorten in Europa, den USA und China. Eine ausführliche Beschreibung meiner Erfahrungen findest du unter dem folgenden Link: bit.ly/jensottolange-remote-barcamp.

8.2 Auftragsklärung und Konzeption von Remote-Workshops

Für die Remote-Version des Innovationstarter-Workshops kannst du dich erneut an den sechs Erfolgsfaktoren für co-kreative Zusammenarbeit orientieren. Bei Faktoren »Purpose« und »Project« gibt es keine Unterschiede zum Onsite-Workshop, bei den Faktoren »People«, »Place«, »Process« und »Pace« hingegen schon.

People: barrierefreier Zugang, Digitalkompetenz, hybride Teams

Um die Einschränkungen der sozialen Interaktion zu überwinden, entwickeln Teilnehmer in Remote-Workshops im besten Fall spezifische Kulturtechniken für die digitale Zusammenarbeit. Damit das gelingen kann, ist ein flüssiges Zusammenspiel von Teilnehmern und Technik notwendig, das sowohl die Fähigkeiten des Einzelnen als auch die verfügbare technische Infrastruktur berücksichtigt.

Digitale Kompetenz berücksichtigen

Im Remote-Workshop erweitern sich die Begriffe Barrierefreiheit und Inklusion um eine technisch-soziale Dimension. Reicht die Bandbreite der Teilnehmer für Video-Calls aus? Sind tatsächlich alle Endgeräte mit Kamera und Mikrofon ausgestattet? Können die Teilnehmer auf die Software für Video-Anrufe und Chats zugreifen? Bereits bei der Auswahl der Teilnehmer solltest du die gegebenen technischen Möglichkeiten im Blick behalten. Allerdings sagt das bloße Vorhandensein von Tools noch nichts darüber aus, inwieweit deine Teilnehmer über die Digitalkompetenz verfügen, um die vorgesehene Software souverän zu bedienen und die angebotenen Funktionen für soziale Interaktionen einzusetzen. Ein Beispiel: Sitzen die Teilnehmer im Homeoffice, gewährt die eingeschaltete Video-Kamera einen tiefen Blick ins Privatleben. Im Hintergrund sehen wir Wohnungseinrichtungen. Aus Scheu vor ungebetenen Einblicken ins Privatleben bleibt die Kamera deshalb häufig ausgeschaltet. Doch Verzicht auf den Sehsinn erschwert die soziale Interaktion über den Bildschirm. Virtuelle, künstliche Hintergründe, wie sie die digitalen Kommunikationsplattformen von Microsoft Teams und Zoom für ihre Video-Services anbieten, erleichtern es den Teilnehmern, die Video-Kamera angeschaltet zu lassen, ohne ihre Privatsphäre zu gefährden.

Team-Konstellationen symmetrisch halten

Anders als Onsite-Workshops ermöglichen Remote-Workshops hybride Teams, die Zusammenarbeit vor Ort mit Remote-Arbeit kombinieren. Dabei sind unterschiedliche Set-ups möglich.

Mit der Corona-Krise wurde das One-to-all-Set-up schlagartig populär. Beim One-to-all-Set-up sitzt jeder Teilnehmer allein vor dem Bildschirm. Sowohl Plenum als auch die einzelnen Teams arbeiten mit dir als Designfacilitator ausschließlich über die digitale Kommunikationsplattform zusammen. Eine Alternative ist das 2-to-all-Set-up, bei der jeweils zwei Teilnehmer im gleichen Raum sitzen und mit einem weiteren Paar ein Remote-Team bilden. Oder das Team-to-all-Set-up, bei der jedes der Teams onsite in einem Raum zusammenarbeitet und den Remote-Modus nutzt, um deinen Anleitungen auf dem Bildschirm zu folgen und Ergebnisse mit Teams an anderen Lokationen zu synchronisieren.

Neben diesen drei Set-ups sind zahlreiche weitere Konstellationen denkbar. Immer gilt jedoch, dass du die technischen Zugangsbedingungen symmetrisch halten solltest – das bedeutet, dass alle Teams mit den gleichen Rahmenbedingungen arbeiten. Das Gegenteil ist der Fall, wenn alle bis auf einen Teilnehmer im gleichen Raum sitzen oder zwei Teams vor Ort und eines remote arbeitet. Solche asymmetrischen Konstellationen schaffen von vornherein ein Ungleichgewicht. Sie schließen die Remote-Teilnehmer von der direkten Kommunikation der Onsite-Teams aus, sodass die Gruppe keine von allen geteilten Interaktionsmuster im Umgang mit den Software-Tools entwickeln kann.

Team-Konstellationen für Remote-Workshops

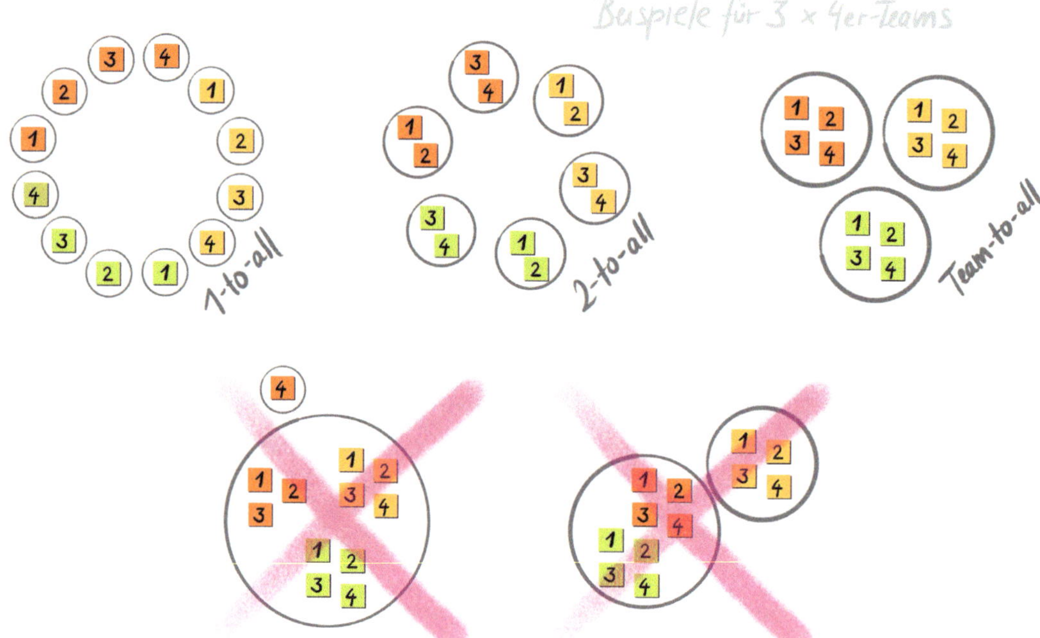

In Remote-Workshops sind unterschiedliche Team-Konstellationen denkbar. In jedem Fall solltest du die Kommunikationsinfrastruktur inklusiv aufsetzen, sodass niemand bei der Kommunikation durch eingeschränkte Zugangsmöglichkeiten ins Abseits gerät.

Nutzer remote einbeziehen

Im Remote-Workshop können Nutzerinterviews per Telefon oder Video-Call durchgeführt werden. Genauso wie im Onsite-Modus führen die Teilnehmer die Interviews im Tandem durch, um Gesprächsführung und Protokollierung unter sich aufzuteilen. Darüber hinaus können sie Interviews auch asynchron per Chat über einen Messaging-Dienst durchführen – zum Beispiel per WhatsApp, Facebook Messenger oder die Messaging-Funktion des Business-Netzwerks »LinkedIn.com«. Die Interview-Teams können Messaging- und Chat-Funktionen nutzen, um ihre Fragen nicht nur mündlich, sondern auch schriftlich zu übermitteln. Werden Test-Interviews durchgeführt, können die Prototypen der Lösung als Bild-Upload, Video-Clip oder durch das Zeigen in die Kamera vorgestellt werden.

Place: Orientierung schaffen im virtuellen Raum

Im Gegensatz zum Onsite-Workshop ist der virtuelle Raum im Remote-Workshop auf die Fläche des Bildschirms des Teilnehmers beschränkt. Dagegen ist er in seiner Tiefe unendlich – es gibt keine räumlichen Grenzen mehr, sodass du sehr einfach Teilnehmer auf der ganzen Welt einbinden kannst. Als großer Vorteil kommt hinzu, dass zeitaufwendige Reisen und Raumbuchungen entfallen.

Software-Tools für Kommunikation und visuelles Arbeiten

Die Software-Tools, die zum Einsatz kommen, beeinflussen über ihre User Experience die Wahrnehmung des virtuellen Raums und bieten Funktionen, um sich darin zu bewegen. Je besser die Teilnehmer diese Prothesen für Kommunikation beherrschen, desto einfacher können sie sich im virtuellen Raum orientieren. Um die Komplexität des virtuellen Raums zu reduzieren, solltest du nicht mehr als zwei Tools verwenden: eine digitale Kommunikationsplattform für Video-Conferencing und Chatting und ein digitales Whiteboard für das visuelle Arbeiten auf Flipcharts und Pinboards.

Auf dem digitalen Whiteboard kannst du die gleichen Gestaltungsvorlagen verwenden, die du als Ausdruck im Onsite-Workshop einsetzt. Wandle die PDFs der Vorlage in eine PNG- oder JPG-Grafik um und lade sie auf dein digitales Whiteboard hoch. Teile deinen Bildschirm und erkläre die jeweilige Session mithilfe der Vorlage auf dem Whiteboard anhand eines Beispiels. Teile den Link zum digitalen Whiteboard möglichst redundant und kontextbezogen, indem du ihn immer genau dann im Chat postest, wenn du deine Erklärung beginnst. Auf diese Weise können die Teilnehmer das digitale Whiteboard in einem anderen Fenster öffnen, sich räumlich orientieren und Funktionen ausprobieren, während du die Session anleitest. Einige Vorschläge für geeignete Tools findest du in den Tipps auf dieser Seite.

Tipp: Software-Tools für Remote-Workshops

Als digitale Kommunikationsplattform für die Teilnehmer haben sich Microsoft Teams und Zoom bewährt. Alternativen sind Skype, Slack sowie alle anderen Plattformen, die Video-Call und Chat-Funktionen anbieten.

Als Ersatz für das visuelle Arbeiten auf Flipcharts oder Pinboards eignen sich unter anderem die digitalen Whiteboards von Miro.com und Mural.co. Miro.com bietet auch eine integrierte Video-Call- und Chat-Funktion.

Eine Alternative dazu sind die cloud-basierten Office-Anwendungen der Google G-Suite oder – mit Einschränkungen bei gleichzeitiger Bearbeitung von Dokumenten – das Pendant von Microsoft 365.

Als Designfacilitator solltest du dich sehr gut mit den verwendeten Werkzeugen auskennen. Teste die Funktionen vorab. Weise in deiner Einladungs-E-Mail auf die für die Teilnahme notwendige Bildschirmgröße (Mobiltelefon-Bildschirme sind zu klein!) und die verwendeten Tools hin. Füge Links bei mit der Bitte, sich vorab für die Tools zu registrieren. Plane zu Beginn deines Workshops zusätzliche Zeit für das technische Set-up und kurze Software-Bedienübungen ein. Bewährt hat sich überdies ein Co-Moderator, der die Bedienung der digitalen Tools übernimmt und den Chat im Auge behält.

Leistungsfähige technische Infrastruktur bereitstellen

Technik sollte zuverlässig funktionieren. Gute Audio-Qualität ist eine absolute Grundvoraussetzung für reibungslose Interaktion in Remote-Workshops. Design Thinking ist eine visuelle Methode, daher sollte auch ausreichend Bandbreite für ein stabiles Video-Bild zur Verfügung stehen. Abbrüche, Verzerrungen und Verzögerungen in der Übertragung sowie von der IT blockierte Kameras greifen das Nervenkostüm der Teilnehmer an und erschweren die Verständigung enorm. Die verwendete Hardware sollte daher über eine Kamera verfügen. Empfehlenswert für eine optimale Audio-Qualität ist zudem ein separates Headset mit Kopfhörer und Mikrofon.

Fehlt deiner Organisation eine stabile technische Infrastruktur, kläre zunächst mit der IT-Abteilung, ob es nicht an der Zeit ist, in leistungsfähige Netze, Endgeräte, Cloud-Dienste und Tool-Trainings zu investieren. Du kannst deinen Remote-Workshop der IT als Testumgebung anbieten, um Tools und Dienste in kleinem Maßstab auszuprobieren, bevor größere Investitionen getätigt werden.

Process: kurze Einheiten mit hohem Fokus

Vielen Teilnehmern erscheinen Remote-Workshops anstrengender als Onsite-Workshops. Sie erfordern eine höhere Konzentration, weil die Teilnehmer weitgehend unbewegt vor dem Bildschirm sitzen, der als »Guckloch« in den virtuellen Workshop-Raum alle Aufmerksamkeit auf sich zieht. Die Bedienung der Technik aus Ausdrucksmittel der eigenen Beiträge erfordert erhöhte Wachsamkeit, gleichzeitig stehen weniger Sinne zur Verfügung, um das Workshop-Geschehen zu verfolgen.

Teile den Workshop in kleinere Einheiten auf, um den Teilnehmern mehr Luft für Pausen und Erholung zu schaffen. Dehne den dreitägigen Innovationstarter-Workshop aus diesem Buch für die Remote-Arbeit auf insgesamt sechs Workshop-Tage mit je zwei neunzigminütigen Sessions am Vor- oder Nachmittag. Plane großzügige Pausen von mindestens fünfzehn Minuten ein. Die sechs Workshop-

Tage kannst du direkt hintereinander schalten oder auf zwei Wochen mit je drei Workshop-Tagen pro Woche aufteilen – von größeren Abständen zwischen den Sessions rate ich dir jedoch ab, da die Teams ansonsten zu viel Zeit für den thematischen Wiedereinstieg benötigen.

Die Aufteilung in kleinere Einheiten ist ein strategischer Vorteil von Remote-Workshops gegenüber Onsite-Formaten, da es für die Teilnehmer weitaus einfacher wird, zwischen den einzelnen Workshop-Sessions ihrem Tagesgeschäft nachzugehen.

Pace: Team-Sessions, auch in Stille

Der Wechsel zwischen Teamarbeit und Plenum lässt sich auch in Remote-Workshops abbilden. Zusätzlich bietet der größere Fokus verbunden mit der Distanz, die der Bildschirm herstellt, die Möglichkeit, Phasen von Stillarbeit zu integrieren. Stillarbeit und die rigide Trennung der Team-Sessions durch parallel stattfindende Team-Calls verändern Rhythmus und Tempo deines Workshops. Einerseits machen sie es schwieriger, ein Gefühl von Momentum und Dynamik aufrecht zu erhalten. Andererseits schaffst du mehr Raum für Konzentration, Tiefe und die Co-Kreation von Ergebnissen. Darüber hinaus hilft die Stillarbeit introvertierten Menschen, ihre Sichtweise in das Teamergebnis einzubringen.

Silent Work Sessions integrieren

Häufig lässt sich beobachten, dass in Onsite-Workshops mehr gesprochen wird als »gebaut«. Ein Großteil der Wissensgenerierung manifestiert sich im stetigen Dialog des Teams. In der Regel übernimmt nur ein kleiner Teil der Teammitglieder die Umsetzung von Impulsen aus dem Teamdialog in Haftnotizen, Skizzen, Prototypen oder andere Artefakte. Längeres Schweigen kommt selten vor und fühlt sich angesichts der Präsenz anderer unangenehm an. Dagegen ist es in Remote-Workshops weitaus einfacher, Sessions in konzentrierter Stillarbeit durchzuführen, bei der alle Teilnehmer damit beschäftigt sind, digitale Haftnotizen, Skizzen- und Bild-Uploads auf einem geteilten digitalen Whiteboard zu einem gemeinsamen Werk zu arrangieren.

Breakout-Sessions remote abbilden

Im Innovationstarter-Workshop arbeiten bis zu drei Teams parallel. Anleitungen und Sharing-Sessions im Plenum wechseln sich mit sorgsam getakteten Team-Sessions ab.

Den Wechsel zwischen Teamarbeit, Anleitungen und Integration der Ergebnisse im Plenum kannst du auch im Remote-Modus abbilden. Technische Möglichkeiten und Zeitmanagement werden hier zu kritischen Faktoren. Die Teams benötigen eine Kommunikationsplattform, die es ihnen ermöglicht, über den gesamten Workshop hinweg zwischen Team-Sessions und Plenum zu wechseln. Ein Online-Timer, der für alle sichtbar ist, hilft beim Zeitmanagement.

Tipp: Team-Sessions mit Microsoft Teams

Verwendest du Microsoft Teams als digitale Kommunikationsplattform, kannst du für jedes Team einen eigenen Channel mit einem für jeden erreichbaren Team-Call einrichten. Mit Start der Team-Breakout-Session bittest du die Teams, selbstorganisiert in ihren Team-Call zu wechseln. Nutzt du Miro.com als geteiltes digitales Whiteboard, kannst du die integrierte Timer-Funktion nutzen. Da alle Teams auf dem gleichen Board arbeiten, sehen alle die von dir eingestellte Zeit. So erleichterst du eine synchronisierte Rückkehr der Teams in den Group Call, denn im Remote-Modus fühlen sich Wartezeiten störender an als im Onsite-Modus.

8.3 Remote-Sessions gestalten

In diesem Kapitel habe ich eine kleine Auswahl an Tool-Sessions für dich zusammengestellt, die dir einen ersten Eindruck gibt, wie du deinen Innovationstarter-Workshop im Remote-Modus gestalten kannst. Für jeden der drei Workshop-Tage findest du mindestens einen Session-Vorschlag. Als technische Infrastruktur habe ich jeweils Microsoft Teams und Miro.com zugrunde gelegt – zwei in vielen Unternehmen verbreitete Software-Tools.

Tag 1: Give-a-Gif als Start-Ritual

Zu Beginn deines Remote-Workshops solltest du den Teilnehmern helfen, einige Funktionen und Interaktionsmuster der technischen Plattform auszuprobieren. Give-a-Gif ist ein einfaches Begrüßungsritual, mit dem du die Teilnehmer an die Nutzung der Chat-Funktion heranführst. Gleichzeitig zeigst du ihnen eine Möglichkeit, ihre Emotionen auszudrücken. Teile deinen Bildschirm, um zu demonstrieren, was zu tun ist. Öffne das Chat-Fenster und bitte die Teilnehmer, das Gleiche zu tun. Teile den Link https://giphy.com im Chat. In Microsoft Teams kannst du Giphy – eine Plattform für animierte Grafiken im Gif-Format – auch direkt über die Chat-Funktion »Gif« aufrufen. Fordere die Teilnehmer auf, ein Gif zur Begrüßung auszusuchen. Zähle mit eingeschaltetem Video einen Countdown und bitte die Teilnehmer, nach dessen Ablauf ihr Gif im Chat zu posten. Eine Armada von animierten Gifs erscheint jetzt im Chat-Fenster, und alle freuen sich über die lustigen Bewegt-Bildchen. Das erste Eis ist gebrochen, jetzt kannst du in die Vorstellungsrunde übergehen.

Give-a-Gif als Start-Ritual

5 Minuten Session-Dauer

- Bildschirm teilen, Chat-Fenster öffnen und den Link https://giphy.com teilen.
- Teilnehmer bitten, ein Gif zur Begrüßung auszuwählen;
- auf Video wechseln, auf Countdown 3-2-1-los teilen alle ihr Gif im Chat.

Vorbereitung:

- Gif-Funktion ausprobieren: Werden Gifs nach Eingabe des Links richtig angezeigt?
- Bildschirm teilen ausprobieren: Sehen alle, was du siehst?

Tag 1: Digitaler Steckbrief als Warm-up

Wenn du ein digitales Whiteboard wie Miro.com einsetzt, kannst du die Kennenlernrunde verkürzen, indem du die Teilnehmer in der Vorbereitungs-E-Mail bittest, einen digitalen Steckbrief zu erstellen. Gleichzeitig machst du sie dadurch mit der Nutzung des digitalen Whiteboards vertraut. Bitte sie, auf dem Whiteboard eine digitale Haftnotiz mit Antworten auf die drei Fragen aus dem Steckbrief-Interview (vergleiche Seite 108) anzulegen:

- Wer bist du (Privates und Berufliches)?
- Warum bist du hier (Rolle)?
- Was willst du mitnehmen (Erwartung)?

Zusätzlich stellst du die Aufgabe, per Bildsuche ein Bild zu einem Begriff zu finden, den sie mit sich (oder mit dem Workshop-Thema) verbinden, und dieses Bild auf das Whiteboard hochzuladen. Teile das Whiteboard auf deinem Bildschirm und bitte einen Teilnehmer, seine Haftnotiz und sein Bild kurz vorzustellen. Ist der Teilnehmer fertig, bitte ihn, den nächsten Redner auszuwählen, indem das Mikrofon oder ein virtueller Ball an den nächsten weitergereicht wird. So weiß jeder, wann er an der Reihe ist. Zusätzlich kannst du die Teilnehmer bitten, spätestens dann, wenn sie etwas beitragen, ihre Kamera anzuschalten.

Gibt es Teilnehmer, die die Aufgabe vorab nicht geschafft haben? Dann zeige per geteiltem Bildschirm ganz zu Beginn, wie es funktioniert, und gib den Nachzüglern etwas Zeit, während du mit der übrigen Gruppe bereits startest.

Wer bist du (Privates & Berufliches)?

Warum bist du hier (Beitrag) ?

Was willst du mitnehmen (Erwartung)?

Jens Otto Lange
Designfacilitator, Garten, Oldtimer

Workshop moderieren

Zufriedene Teilnehmer

Remote legen die Teilnehmer ihren digitalen Steckbrief bereits vor dem Workshop auf einem digitalen Whiteboard an.

Digitaler Steckbrief als Warm-up

10 Minuten Session-Dauer

- Whiteboard auf Bildschirm teilen;
- einen Teilnehmer bitten, Haftnotiz und Bild bei eingeschalteter Kamera vorzustellen;
- den gleichen Teilnehmer bitten, den nächsten Teilnehmer zu benennen, bis alle an der Reihe waren.

Vorbereitung:

- Whiteboard ausprobieren: Haftnotiz anlegen, Bild hochladen;
- Bildschirm teilen ausprobieren: Sehen alle, was du siehst?

Tag 1: Arbeitsvereinbarungen für Remote-Workshops

Erweitere die Arbeitsvereinbarungen deines Workshops (vergleiche Seite 112) um ein paar einfache Regeln für die Remote-Arbeit. Erkläre sie zu Beginn und zeige per geteiltem Bildschirm, wie man die wichtigsten Funktionen der von dir verwendeten Software findet und bedient. Übe mit den Teilnehmern den Umgang mit den Funktionen für Audio, Chat und Video ein. In den Tipps auf dieser Seite findest du die wichtigsten Regeln für Remote-Workshops.

Tipp: Arbeitsvereinbarungen für Remote-Workshops

Mic on Mute: Stelle das Mikrofon auf stumm, wenn du gerade nichts beizutragen hast, um Hintergrundgeräusche zu reduzieren.

Video on: Schalte das Video an (sofern die Bandbreite ausreicht), sodass auch der Sehsinn für die Teamarbeit genutzt werden kann. Nutze einen virtuellen Hintergrund, um deine Privatsphäre zu schützen.

Feed the Chat: Mache dich mit den Chat-Funktionen vertraut. Halte das Chat-Fenster geöffnet. Nutze den Chat, um jederzeit per Textmessage zu kommentieren, Inhalte per Link und Foto zu teilen oder per »Daumen hoch« abzustimmen.

Mic on Mute

Video on

Feed the Chat

Einige einfache, aber wirksame Arbeitsvereinbarungen speziell für Remote-Workshops erleichtern die Interaktion der Teilnehmer.

Tag 2: Digitales Brainwriting

Für die Ideenfindung im Remote-Modus eignen sich vor allem schriftliche Kreativitätstechniken, die in Stillarbeit erledigt werden. Eine abgewandelte Form der 6-3-5-Brainwriting-Methode (vergleiche Seite 161) kannst du auch online anwenden. Alle Teams arbeiten dafür auf einem gemeinsamen digitalen Whiteboard, zum Beispiel auf Miro.com.

Zur Vorbereitung legst du auf dem Board für jedes Team einen eigenen Arbeitsbereich an. Bereite für jedes Mitglied eines Teams eine digitale Haftnotiz in einer anderen Farbe vor. Den jeweiligen Arbeitsbereich benennst du mit dem Teamnamen. Die verschiedenfarbigen Haftnotizen der Teammitglieder ordnest du horizontal an. Jetzt kopierst du die erste Reihe und ordnest die Haftnotizen jeweils versetzt unter der ersten Reihe an, sodass die Farben Diagonalen bilden. Die Anzahl der Reihen entspricht der Anzahl der Teammitglieder.

Bitte die Teilnehmer vor dem Start zunächst, eine Farbe auszuwählen, indem sie ihren Namen in eine farbige Notiz der ersten Reihe tippen. Erkläre dann die Regeln der Ideenfindung (vergleiche Seite 155). Betone, dass es darum geht, sich wechselseitig zu inspirieren, indem in Stillarbeit zunächst die Haftnotizen in der ersten Reihe mit Ideen gefüllt werden. Anregt durch die vorhandenen Ideen, ergänzt jeder die Haftnotizen der eigenen Farbe Reihe für Reihe um weitere Ideen.

Bitte die Teams, vor dem Start der Session die Wie-können-wir-Frage über das Brainwriting-Feld zu kopieren und vorab noch einmal laut vorzulesen. Schicke die Teams danach in ihre Team-Calls. Stelle den digitalen Timer des Whiteboards (sofern vorhanden) auf zwölf Minuten und bitte die Teams, nach Ablauf der Zeit zurück in den Group Call zu kommen. Sobald die Teams zurück im Group Call sind, erklärst du ihnen, wie geclustert wird. Schicke die Teams zum Clustern für weitere zehn Minuten in ihren Team-Call. Sobald sie zurück im Group Call sind, bitte sie, ihre besten Ideen auszuwählen – erneut in maximal zehn Minuten. Miro.com bietet dafür eine praktische Voting-Funktion. Alternativ kannst du digitale Bewertungspunkte in den Farben der Teammitglieder auf dem Board vorbereiten, sodass die Teilnehmer sie nur noch auf die Haftnotizen ihrer Wahl schieben müssen.

©Miro Brainwriting Board

Digitales Brainwriting

40 Minuten Session-Dauer

- 5 Minuten Group Call: Whiteboard auf Bildschirm teilen, Anleitung, Regeln Ideenfindung erläutern, Haftnotizenfarbe auswählen und Namen eintragen lassen;
- 12 Minuten Team-Call: Wie-können-wir-Frage überprüfen, Brainwriting;
- 3 Minuten Group Call: Anleitung Clustern;
- 10 Minuten Team-Call: Clustern im Team;
- 10 Minuten Group Call: beste Ideen bepunkten mit Voting-Funktion oder vorbereiteten digitalen Punkten.

Vorbereitung:

- Whiteboard vorbereiten: Team-Arbeitsbereiche und Haftnotizen anlegen;
- Whiteboard ausprobieren: digitaler Timer, Voting-Funktion;
- Bildschirm teilen ausprobieren: Sehen alle, was du siehst?

Tag 2: Medialer Prototyp per Video-Aufnahmefunktion

Mediale Prototypen setzen die Heldenreise als Video um – zum Beispiel als Proto-Acting-Rollenspiel. Viele digitale Kommunikationsplattformen bieten eine praktische Video-Aufnahmefunktion, mit der die Teams auf einfache Weise einen medialen Prototyp erstellen können.

Erkläre den Teams, wie die Aufnahmefunktion gestartet wird. Bitte sie, sich in ihrem Team-Call darüber zu verständigen, wer welchen Charakter der Heldenreise spielen soll, um sie danach in einer Improvisation in drei bis vier Durchläufen einen medialen Prototyp von maximal drei Minuten Länge aufnehmen zu lassen.

Medialer Prototyp per Video-Aufnahmefunktion

20 Minuten Session-Dauer

- 3 Minuten Group Call: Anleitung, Aufnahme-Funktion erklären;
- 17 Minuten Team-Call: Teams improvisieren im Video-Call in drei bis vier Durchläufen die Heldenreise als Rollenspiel, während die Aufnahme läuft.

Vorbereitung:

- Video-Funktion der digitalen Kommunikationsplattform ausprobieren: Wie sieht die Aufnahme aus? Welche technischen Möglichkeiten bietet die Software?

Tag 3: Feedback mit Emoticons

Nutze die Chatfunktion der digitalen Kommunikationsplattform, um Feedback einsammeln. Stelle zunächst eine Feedback-Frage, zum Beispiel: »Wie wertvoll war die Teilnahme am Workshop für dich?« Gib fünf Zeichen – zum Beispiel Emoticons oder Textzeichen – als Ausdruck des höchsten Skalenwert vor. Tippe ein Beispiel in den Chat und teile dabei deinen Bildschirm. Bitte die Teilnehmer, sich zu überlegen, wie viele Zeichen sie über den Chat vergeben wollen, um sie mit Ablauf deines Countdowns abzusenden. Ein besonders schönes Bild im Chat ergibt sich, wenn du Emoticon-Herzchen als Zeichen vorgibst.

Feedback mit Emoticons

3 Minuten Session-Dauer

- 2 Minuten: Anleitung Emoticons im Chat, Countdown;
- 1 Minute: Mitglieder tippen Feedback.

Vorbereitung:

- Emoticons im Chat ausprobieren – falls nicht darstellbar, Textzeichen verwenden.

Downloads & Co

9.1 Download-Angebot zum Buch

bit.ly/jensottolange-designchallenge
bit.ly/jensottolange-checkliste-workshopdesign
bit.ly/jensottolange-innovationstarter-microtiming
bit.ly/jensottolange-workshop-tools
bit.ly/jensottolange-workshop-einladung
bit.ly/jensottolange-checkliste-workshopmaterialien
bit.ly/jensottolange-designthinking-phasen
bit.ly/jensottolange-challengemap
bit.ly/jensottolange-interview-cheatsheet
bit.ly/jensottolange-researchmap
bit.ly/jensottolange-persona
bit.ly/jensottolange-wkw
bit.ly/jensottolange-starfish-retro
bit.ly/jensottolange-heldenreise
bit.ly/jensottolange-screen-templates
bit.ly/jensottolange-testcard
bit.ly/jensottolange-5-act-interview
bit.ly/jensottolange-elevatorpitch

9.2 Materialliste für Workshops

Diese Materialliste bezieht sich auf Innovationstarter-Workshops mit drei Teams. Ein PDF der Liste kannst du unter dem folgenden Link herunterladen: bit.ly/jensottolange-innovationstarter-materialliste

Designfacilitator-Tools

- Laptop,
- Ausdruck Workshop-Microtiming,
- iPad oder Tablet – verwendbar als mobile Uhr, Kamera, Prototyping-Tool und zusätzlicher Bildschirm,
- Gong (oder anderes akustisches Signal),
- HDMI-Adapter für Beamer/Monitor, optional Apple TV für drahtloses Streaming,
- Klick-Fernbedienung für Vorführung von Präsentationen.

Basismaterialien

- vier Time Timer,
- zehn Blöcke Haftnotizen 76 × 76 mm, stark haftend, zwei Fünferpacks,
- zehn Blöcke Haftnotizen 127 × 76 mm, stark haftend, zwei Fünferpacks,
- zwölf Blöcke Haftnotizen 48 × 48 mm, stark haftend, Zwölferpack,
- vier Blöcke Haftnotizen 152 × 101 mm, Viererpack farbig sortiert,
- vier Blöcke Haftnotizen 203 × 152 mm, Viererpack farbig sortiert,
- drei Rollen farbiges Malerkrepp, zum Beispiel Scotch 3 M Blue Tape,
- zwanzig Marker schwarz, zum Beispiel Stabilo 68,
- zwanzig Marker farbig, zum Beispiel Stabilo 68, gemischte Farben,
- Klebepunkte, mindestens drei Farben.

Arbeitshilfen

Template-Ausdrucke und Poster in der benötigten Anzahl und Größe, pro Teilnehmer oder pro Team, abhängig von der Auswahl der Tools, die du einsetzt. Schaue dir dazu alle Tools des Innovationstarter-Workshops an.

Prototyping-Materialien (Basis)

- fünfzig Bögen A4-Papier,
- dreißig Bögen A3-Papier,
- drei Scheren,
- drei Klebestifte,
- Lego, Grundbausteine, Platten,
- Masken, Hüte, Perücken und Requisiten für Rollenspiele.

Prototyping-Materialien (optional)

- Pfeifenreiniger,
- Pappkartons,
- Knete, farbig sortiert,
- alte Zeitschriften, bildreich,
- Alufolie,
- Bindfaden.

9.3 Endnoten

1 Vitra Design Museum: Victor Papanek – The Politics of Design, online unter https://www.design-museum.de/de/ausstellungen/detailseiten/victor-papanek-the-politics-of-design.html [Abruf: 2020-02-16].

2 Ellen MacArthur Foundation (2018): Circular Design Guide, online unter https://www.circulardesignguide.com/ [Abruf: 2020-02-17].

3 Wikipedia (2017): GRiD Compass 1100, online unter https://de.wikipedia.org/wiki/GRiD_Compass_1100 [Abruf: 2020-02-17].

4 Nickerson, Nate (2007): »Wir müssen die Bedürfnisse der Nutzer im Auge behalten«, online unter https://www.heise.de/tr/artikel/Wir-muessen-die-Beduerfnisse-der-Nutzer-im-Auge-behalten-279829.html [Abruf: 2020-02-17].

5 Universität Klagenfurt: Phasen des kreativen Prozesses, online unter http://wwwu.uni-klu.ac.at/hstockha/neu/html/23phasen.htm [Abruf: 2020-02-16].

6 Popova, Maria: The Art of Thought: A Pioneering 1926 Model of the Four Stages of Creativity, Brainpickings, online unter https://www.brainpickings.org/2013/08/28/the-art-of-thought-graham-wallas-stages/ [Abruf: 2020-02-17].

7 Wikipedia (2020): VUCA, online unter https://de.wikipedia.org/wiki/VUCA [Abruf: 2020-02-17].

8 Online unter https://dschool.stanford.edu/ [Abruf: 2020-02-17].

9 Online unter https://hpi.de/school-of-design-thinking/design-thinking/was-ist-design-thinking.html [Abruf: 2020-07-23].

10 Kelley, Tom & David (2013): Creative Confidence: Unleashing the Creative Potential Within Us All, Currency.

11 Sinngemäß übersetzt von D-School Hasso Plattner Institute of Design at Stanford (2017): bootcamp bootleg, d.mindsets, Seite 3, online unter https://static1.squarespace.com/static/57c6b79629687fde090a0fdd/t/58890239db29d6cc6c3338f7/1485374014340/METHODCARDS-v3-slim.pdf [Abruf: 2020-02-17].

12 Robert K. Greenleaf Center for Servant Leadership: What is Servant Leadership, online unter https://www.greenleaf.org/what-is-servant-leadership/ [Abruf: 2020-02-17].

13 Schaber, Ken; Sutherland, Jeff (2017): The Scrum Guide, Seite 7, online unter www.scrumguides.org [Abruf: 2020-02-17].

14 Wikipedia (2020): Human reliability, online unter https://en.wikipedia.org/wiki/Human_reliability [Abruf: 2020-02-16].

15 Design Council: What is the framework for innovation?, online unter https://www.designcouncil.org.uk/news-opinion/what-framework-innovation-design-councils-evolved-double-diamond [Abruf: 2020-02-16].

16 Hasso-Plattner-Institut School of Design Thinking: Die sechs Schritte im Design Thinking Innovationsprozess, online unter https://hpi.de/school-of-Design Thinking/Design Thinking/hintergrund/Design Thinking-prozess.html [Abruf: 2020-02-16].

17 Wikipedia (2019): Paretoprinzip, online unter https://de.wikipedia.org/wiki/Paretoprinzip [Abruf: 2020-02-16].

18 Haufe.de: New Work Themenseite, online unter https://www.haufe.de/thema/new-work/ [Abruf: 2020-02-16].

19 Bergen, Katja von (2019): Wie man die richtige Methode fürs Projekt findet, online unter https://www.cio.de/a/wie-man-die-richtige-methode-fuers-projekt-findet [Abruf: 2020-02-16].

20 Ney, Steven (2016): Info aus Design Thinking Certification Program, HPI Academy.

21 Wikipedia (2019): Hashtag, online unter https://de.wikipedia.org/wiki/Hashtag [Abruf: 2020-02-16].

22 Kelley, Tom & David (2013): Creative Confidence: Unleashing the Creative Potential Within Us All, Currency.

23 Breil, Philipp (2014): Aus Zusammenarbeit für German African Lab for Design.

24 Cooper, Alan (1998): The Inmates Are Running the Asylum, Que.

25 Kua, Pat (2006): The Retrospective Starfish, online unter https://www.thekua.com/rant/2006/03/the-retrospective-starfish/ [Abruf: 2020-02-16].

26 Tonhauser, Pauline & 35 Coaches (2018): 66+1 Warm-ups, die dich als Trainer unvergesslich machen: Design-ThinkingCoach Academy – eBook, Seite 141.

27 Google: Crazy 8's, online unter https://designsprintkit.withgoogle.com/methodology/phase3-sketch/crazy-eights [Abruf: 2020-02-16].

28 Wikipedia: Methode 635, online unter https://de.wikipedia.org/wiki/Methode_635 [Abruf: 2020-02-16].

29 YouTube: Pixar Storyboarding Mini Doc, online unter https://youtu.be/7LKPVAIcDXY [Abruf: 2020-02-16].

30 Vogler, Christopher (1997): Die Odyssee des Drehbuchschreibens, Zweitausendeins.

31 Marvel Prototyping Ltd.: POP – Prototyping on Paper, online unter https://apps.apple.com/us/app/pop-prototyping-on-paper/id555647796 [Abruf: 2020-02-16].

32 Ries, Eric (2011): The Lean Startup, Currency.

33 Osterwalder, Alexander (2015): Validate Your Ideas with the Test Card, online unter https://www.strategyzer.com/blog/posts/2015/3/5/validate-your-ideas-with-the-test-card [Abruf: 2020-02-16].

34 Nielsen, Jakob (2000): Why you only need to test with 5 users, online unter https://www.nngroup.com/articles/why-you-only-need-to-test-with-5-users [Abruf: 2020-02-16].

35 Knapp, Jake (2016): How to test prototypes with customers: The Five-Act Interview, online unter https://library.gv.com/how-to-test-prototypes-with-customers-the-five-act-interview-80305d98c407 [Abruf: 2020-02-16].

36 Moore, Geoffrey A. (1991): Crossing the Chasm, Harper Business Essentials.

37 Gray, Dave (2010): Elevator Pitch, Gamestorming, online unter https://gamestorming.com/elevator-pitch [Abruf: 2020-02-16].

38 Klein, Gary (2007): Performing a Project Premortem, Harvard Business Review, online unter https://hbr.org/2007/09/performing-a-project-premortem [Abruf: 2020-02-16].

39 Laestadius, Anders (2012): Team Liftoff with Market of Skills and Competence Matrix, online unter https://blog.crisp.se/2012/11/06/anderslaestadius/team-liftoff-with-market-of-skills-and-competence-matrix [Abruf: 2020-02-16].

40 Gray, Dave (2011): Who/What/When Matrix, Gamestorming, online unter https://gamestorming.com/whowhat-when-matrix [Abruf: 2020-02-16].

41 https://www.neuenarrative.de/magazin/wie-sich-das-start-up-komoot-zum-remote-first-unternehmen-entwickelt [Abruf: 2020-07-22].

42 https://www.linkedin.com/pulse/how-foster-human-connection-virtual-meetings-using-warm-ups-tschepe Abruf: 2020-07-22].

9.4 Lesetipps

Design Thinking im Fokus

Literatur zu Design Thinking als Denkhaltung (Mindset) und Methode

Brown, Tim (2008): Design Thinking, Harvard Business Review, 86 (June), 84–92.

Brown, Tim (2009): Change by Design – How Design Thinking Transforms Organizations and Inspires Innovation. HarperBusiness.

Dark Horse Innovation (2016): Digital Innovation Playbook – Das unverzichtbare Arbeitsbuch für Gründer, Macher und Manager. Murmann Publishers GmbH.

Erbeldinger, Jürgen; Ramge, Thomas; Spiekermann, Erik (2013): Durch die Decke denken: Design Thinking in der Praxis. Redline Verlag.

Kelley, Tom; Kelley, David (2013): Creative Confidence: Unleashing the Creative Potential Within Us All. Currency.

Lewrick, Michael; Link, Patrick; Leifer, Larry (2018): Das Design Thinking Playbook: Mit traditionellen, aktuellen und zukünftigen Erfolgsfaktoren. Vahlen.

Martin, Roger L. (2009): The Design of Business: Why Design Thinking is the Next Competitive Advantage. Harvard Business Review Press.

Tonhauser, Pauline (2020): Design Thinking Workshop: 12 Zutaten, die in keinem Design Thinking Workshop fehlen dürfen. Designthinkingcoach Academy.

Designer als Design Thinker

Ideen und Inspirationen von Vordenkern aus User Experience Design, Service Design und Produktdesign.

Aicher, Otl (2015): die welt als entwurf. Ernst & Sohn.

Cooper, Alan (1999): The Inmates are Running the Asylum: Why High-tech Products Drive Us Crazy and How to Restore the Sanity. Sams.

Garrett, Jesse James (2010): The Elements of User Experience: User-Centered Design for the Web and Beyond. New Riders.

Goodwin, Kim (2009): Designing for the Digital Age: How to Create Human-Centered Products and Services. Wiley.

Gothelf, Jeff; Seiden, Josh (2012): Lean UX: Applying Lean Principles to Improve User Experience. O'Reilly and Associates.

Knapp, Jake; Zeratsky, John; Kowitz, Braden (2016): Sprint: Wie man in nur fünf Tagen neue Ideen testet und Probleme löst. Redline Verlag.

Kumar, Vijay (2012): 101 Design Methods – A Structured Approach for Driving Innovation in Your Organization. Wiley.

Norman, Don (2013): The Design of Everyday Things: Revised and Expanded Edition. Basic Books.

Papanek, Victor (2019): Design for the Real World: Human Ecology and Social Change. Thames & Hudson.

Stickdorn, Marc; Schneider, Jakob (2012): This Is Service Design Thinking. BIS Publishers.

Agile Denkmodelle für Innovatoren und Changemaker

In agilen Kontexten populäre Frameworks und Vorgehensmodelle aus benachbarten Denkschulen.

Little, Jason (2014): Lean Change Management: Innovative Practices For Managing Organizational Change. Happy Melly Express.

Maurya, Ash (2012): Running Lean: Iterate from Plan A to a Plan That Works. O'Reilly and Associates.

Osterwalder, Alexander; Pigneur, Yves; Bernada, Gregory; Smith, Alan (2014): Value Proposition Design: How to Create Products and Services Customers Want (Strategyzer). Wiley.

Ries, Eric (2017): The Lean Startup: How Today's Entrepreneurs Use Continuous Innovation to Create Radically Successful Businesses. Currency.

Schaber, Ken; Sutherland, Jeff (2017); The Scrum Guide, online unter www.scrumguides.org [Abruf: 2020-02-17].

Sinek, Simon (2011): Start with Why: How Great Leaders Inspire Everyone to Take Action. Portfolio.

Tools im Überblick

Sammlungen von Methoden für Innovation und Change als Quelle für Inspiration.

Andler, Nicolai (2015): Tools für Projektmanagement, Workshops und Consulting: Kompendium der wichtigsten Techniken und Methoden. Publicis.

Gray, Dave; Brown, Sunni; Macanufo, James (2011): Gamestorming: Ein Praxisbuch für Querdenker, Moderatoren und Innovatoren. O'Reilly Verlag GmbH & Co. KG.

Rustler, Florian (2020): Denkwerkzeuge der Kreativität und Innovation. Midas Management Verlag AG.

Tools im Detail

Vertiefung ausgewählter Methoden aus Design Thinking und benachbarten Denkschulen.

De Bono, Edward (1999): Six Thinking Hats. Back Bay Books.

Kalbach, Jim (2016): Mapping Experiences: A Guide to Creating Value through Journeys, Blueprints, and Diagrams. O'Reilly UK Ltd.

Kim, Chan W.; Mauborgne, Renée (2016): Der Blaue Ozean als Strategie: Wie man neue Märkte schafft, wo es keine Konkurrenz gibt. Carl Hanser Verlag GmbH & Co. KG.

Patton, Jeff (2014): User Story Mapping: Discover the Whole Story, Build the Right Product. O'Reilly and Associates.

Tonhauser, Pauline (2018): 66+1 Warm-up, die dich als Trainer unvergesslich machen. Books on Demand.

Roam, Dan (2009): Back on Napkin – Solving Problems and Solving Ideas with Pictures. Portfolio.

Vogler, Christopher (2004): Die Odyssee des Drehbuchschreibens. Zweitausendeins.

Wiedemeyer, Nina; Holländer, Friederike (2019): original bauhaus – Übungsbuch. Prestel Verlag.

Nutzerforschung und -tests

Vertiefung von Methoden für Nutzerforschung und Nutzertests.

Bland, David J.; Osterwalder, Alexander (2019): Testing Business Ideas: A Field Guide for Rapid Experimentation (Strategyzer). Wiley.

Hall, Erika (2013): Just Enough Research. A Book Apart.

Sharon, Tomer (2016): Validating Product Ideas: Through Lean User Research. Rosenfeld Media.

Menschen bewegen

Teams starten, Lernerlebnisse gestalten und Workshops moderieren.

Bowman, Sharon L. (2008): Training from the Back of the Room!: 65 Ways to Step Aside and Let Them Learn. Pfeiffer.

Larsen, Diana; Nies, Ainsley (2016): Liftoff. The Pragmatic Programmers.

Kaner, Sam (2014): Facilitator's Guide to Participatory Decision-Making. Jossey-Bass.

Videos

Ausgewählte Videos als methodische Einführung vor oder nach einem Workshop.

ABC Nightline – IDEO Shopping Cart (1999)
»Deep Dive« der Agentur Ideo zur Neugestaltung eines Einkaufswagens mit Design Thinking.
8:12 Min. https://youtu.be/M66ZU2PCIcM

Daniel Pink: The Puzzle of Motivation (2009)
Was Wissens- und Kreativarbeiter wirklich motiviert.
18:24 Min. http://www.ted.com/talks/dan_pink_on_motivation.html

Lean Startup Meets Design Thinking (2014)
Eric Ries (The Lean Startup), Tim Brown (Change by Design), Jake Knapp (Design Sprint) im Gespräch.
55:23 Min. https://youtu.be/bvFnHzU4_W8

Pixar Storyboarding Mini Doc (2013)
Visuelles Storytelling mit Storyboarding.
4:45 Min. https://youtu.be/7LKPVAIcDXY

SAP AppHaus Korea: Our Way of Working (2016)
Die Essenz von Design Thinking verstehen, ohne Koreanisch zu verstehen.
3:20 Min. https://youtu.be/6-iqjCH3LlA

Steven Johnson: Where Good Ideas Come From (2010)
Was wir brauchen, um gute Ideen zu entwickeln.
4:06 Min. https://youtu.be/NugRZGDbPFU

Tom Wujec: Build a Tower, Build a Team (2010): Die »Marshmallow Challenge« demonstriert, was Teams brauchen, um Probleme kreativ und erfolgreich zu lösen. 7 Min. http://www.ted.com/talks/tom_wujec_build_a_tower.html

Web-Ressourcen

d.school Stanford: Design Thinking Bootleg
https://dschool.stanford.edu/resources/design-thinking-bootleg

Google Ventures: The Design Sprint
https://www.gv.com/sprint/

Ideo.org: The Field Guide to Human-Centered Design
https://www.designkit.org/resources/1

Ideo: Design Thinking for Educators
https://designthinkingforeducators.com/toolkit/

Innovation Leadership Group: Strategic Foresight and Innovation
http://innovation.io/playbook/

This is Design Thinking: Beispiele, Interviews, Studien
https://thisisdesignthinking.net/

Der Code agiler Organisationen

Stefanie Puckett
Der Code agiler Organisationen
Das Playbook für den Wandel zur agilen Organisationskultur
1. Auflage 2020

252 Seiten; 24,95 Euro
ISBN 978-3-86980-482-8; Art.-Nr.: 1081

Die Unternehmenskultur ist die größte Herausforderung und größter Stellhebel zugleich, wenn es darum geht, eine agile Organisation zu formen. Wie aber lässt sich das Konzept Organisationskultur auf handlungsrelevanter Ebene greifbar machen? Was macht eine agile Kultur aus? Was sind ihre Elemente? Wie formt und entwickelt sich diese Kultur? Wo sind die Ansatzpunkte und wo liegen Fallstricke? Was funktioniert in der Praxis wirklich?

Pucketts Buch liefert Antworten auf diese Fragen und zeigt, wie sich die Unternehmenskultur gestalten und formen lässt. Dabei taucht es in die Organisationspsychologie ein und übersetzt die Erkenntnisse in praktische Handlungsempfehlungen. Auf Basis von Analysen agiler Organisationen und solcher in Transformation, wird der Code agiler Unternehmenskultur entschlüsselt. Die Kernelemente agiler Organisationskulturen werden definiert und anhand von Beispielen anschaulich beschrieben. Das Buch ist gefüllt mit Kultur-Hacks, praxiserprobten Tipps, Werkzeugen und Methoden.

Puckett gelingt ein völlig neuer Blick auf den Begriff Organisationskultur. Denn es liegt in unseren Händen, die Kultur zu formen: Als Einzelne, als Team, als Führungskraft. Wir sind Unternehmenskultur! Dieses Playbook lädt zum Experimentieren und Gestalten ein und zeigt anschaulich, wie Organisationen der agile Wandel gelingt.

www.BusinessVillage.de